大宁县
耕地地力评价与利用

杨宁龙　李立新　主编

中国农业出版社

内容简介

　　本书是对山西省大宁县耕地地力调查与评价成果的集中反映，是在充分应用"3S"技术进行耕地地力调查并应用模糊数学方法进行成果评价的基础上，首次对大宁县耕地资源历史、现状及问题进行了分析、探讨，并应用大量调查分析数据对大宁县耕地地力、中低产田地力、耕地环境质量和果园状况等做了深入细致的分析。揭示了大宁县耕地资源的本质及目前存在的问题，提出了耕地资源合理改良利用意见，为各级农业科技工作者、各级农业决策者制订农业发展规划，调整农业产业结构，加快绿色、无公害农产品基地建设步伐，保证粮食生产安全，科学施肥，退耕还林还草，进行节水农业、生态农业以及农业现代化、信息化建设提供了科学依据。

　　本书共七章：第一章：自然与农业生产概况；第二章：耕地地力调查与质量评价的内容和方法；第三章：耕地土壤属性；第四章：耕地地力评价；第五章：中低产田类型分布及改良利用；第六章：果园土壤质量状况及培肥对策；第七章：耕地地力调查与质量评价的应用研究。

　　本书适宜农业、土肥科技工作者及从事农业技术推广与农业生产管理的人员阅读。

编写人员名单

主　　编： 杨宁龙　李立新

副 主 编： 李仁青　李芳玲　马红宁

编写人员（按姓名笔画排序）：

马红珍　马红梅　王润生　王梓毅　孔文明

冯新平　任丽英　刘玲英　许晋林　孙立志

李红平　李红萍　李苏珍　李新成　杨宁红

张纪巧　张连生　张剑平　张晓珍　张新凤

单卫平　赵宁宇　贺文俊　贺鸿琴　高冬琴

郭青萍　曹建山　尉六良

序

农业是国民经济的基础，农业发展是国计民生的大事。为适应当前农业发展的需要，确保粮食安全和增强我国农产品竞争的能力，促进农业结构战略性调整和优质、高产、高效、生态农业的发展。针对当前我国耕地土壤存在的突出问题，2007年，大宁县被农业部确定为国家级测土配方施肥补贴项目县，此后连年被确立为测土配方施肥续建县、巩固县。几年来，大宁县测土配方施肥项目办根据《全国测土配方施肥技术规范》积极开展测土配方施肥工作，同时认真实施耕地地力调查与评价。在山西省土壤肥料工作站、山西农业大学资源环境学院、临汾市土壤肥料工作站、大宁县农业委员会广大科技人员的共同努力下，圆满完成了大宁县耕地地力调查与评价工作。通过耕地地力调查与评价工作的开展，摸清了县域耕地地力状况，查清了影响当地农业生产持续发展的主要制约因素，建立了大宁县耕地地力评价体系，提出了大宁县耕地资源合理配置及耕地适宜种植、科学施肥及土壤退化修复的意见和方法，初步构建了大宁县耕地资源信息管理系统。这些成果为全面提高大宁县农业生产水平，实现耕地质量计算机动态监控管理，适时提供辖区内各个耕地基础管理单元土、水、肥、气、热状况及调节措施提供了基础数据平台和管理依据。同时，也为各级农业决策者制订农业发展规划，调整农业产业结构，加快绿色食品基地建设步伐，保证粮食生产安全以及促进农业现代化建设提供了第一手资料和最直接的科学依据。也为今后大面积开展耕地地力调查与评价工作，实施耕地综合生产能力建设，发展旱作节水农业、测土配方施肥及其他农业新技术普及工作提供了技术支撑。

本书系统地介绍了耕地资源评价的方法与内容，应用大量的调查分析资料，分析研究了大宁县耕地资源的利用现状及问题，提出了合理利用的对策和建议。

该书集理论指导性和实际应用性为一体，是一本值得推荐的实用技术读物。该书的出版将对大宁县耕地的培肥和保养、耕地资源的合理配置、农业结构调整及提高农业综合生产能力起到积极的促进作用。

2013 年 12 月

前言

　　耕地是人类获取粮食及其他农产品最重要、不可替代、不可再生的资源，是人类赖以生存和发展的最基本的物质基础，是农业发展必不可少的根本保障。新中国成立以来，大宁县先后开展了两次土壤普查，两次土壤普查工作的开展，为大宁县国土资源的综合利用、施肥制度改革、粮食生产安全做出了重大贡献。近年来，随着农村经济体制的改革以及人口、资源、环境与经济发展矛盾的日益突出，农业种植结构、耕作制度、作物品种、产量水平，肥料、农药使用等方面均发生了巨大变化，产生了诸多如耕地数量锐减、土壤退化污染、水土流失等问题。针对这些问题，开展耕地地力评价工作是非常及时、必要和有意义的。特别是对耕地资源合理配置、农业结构调整、保证粮食生产安全、实现农业可持续发展有着非常重要的意义。

　　大宁县耕地地力评价工作，于 2010 年 3 月底开始，2012 年 10 月结束，共完成了全县 2 镇 4 乡 84 个行政村的 24.57 万亩耕地的调查与评价任务。3 年共采集土样 3 910 个，调查访问了 2 000 个农户的农业生产、土壤生产性能、农田施肥水平等情况；认真填写了采样地块登记表和农户调查表，完成了 3 910 个样品常规化验、中微量元素分析化验、数据分析和收集数据的计算机录入工作；基本查清了大宁县耕地地力、土壤养分、土壤障碍因素状况，划定了大宁县农产品种植区域；建立了较为完善的、可操作性强的、科技含量高的大宁县耕地地力评价体系，并充分应用"3S"技术，初步构筑了大宁县耕地资源信息管理系统；提出了大宁县耕地保护、地力培肥、耕地适宜种植、科学施肥及土壤退化修复办法等；形成了具有生产指导意义的数字化成果图。收集资料之广泛、调查数据之系统、内容之全面前所未有。这些成果为全面提高农业工作的管理水平，实现耕地质量计算机动态监控管理，适时提供辖区内各个耕地基础管理单元土、水、肥、气、热状况及调节措施提供了基础数据平台和管理依据。同时，也为各级农业决策者制定农业发展规划，调整农业产业结构，加快绿色食品基地建设步伐，保证粮食生产安全，进行耕地资源合理改良利用，科学施肥以及退耕还林还草、节水农业、生态农业、农业现代化建设提供了第一手资料和最直接的科学依据。

为了将调查与评价成果尽快应用于农业生产，在全面总结大宁县耕地地力评价成果的基础上，引用大量成果应用实例和第二次土壤普查、土地详查有关资料，编写了《大宁县耕地地力评价与利用》一书。首次比较全面系统地阐述了县域耕地资源类型、分布、地理与质量基础、利用状况、改善措施等，并将近年来农业推广工作中的大量成果资料录入其中，从而增加了该书的可读性和可操作性。

在本书编写的过程中，承蒙山西省土壤肥料工作站、山西农业大学资源环境学院、临汾市土壤肥料工作站、大宁县农业委员会广大科技人员的热忱帮助和支持，特别是大宁县农业技术中心的工作人员在土样采集、农户调查、数据库建设等方面做了大量的工作。农业委员会白会宁安排部署了报告的编写工作，由杨宁龙、李立青主编、李仁青、李芳玲、马红宁副主编，任丽英、曹建山、贺文俊、贺鸿琴、张剑平、尉六良、杨红宁、刘玲英、王润生、张新凤、赵宁宇、许晋林、孙立志、李红平、张连生、李新成、高冬琴、李红萍、李苏珍、马红珍、单卫平、王梓毅、马红梅、冯新平、孔文明、张晓珍、张立军、张君伟、郭青萍参与了资料收集和报告的编写工作；参与野外调查和数据处理的工作人员有杜召范、刘红星、任利民、许晋林、孔文明、冯新平、李文芹、李林、李苏珍等；土样分析化验工作由临汾市土壤肥料工作站和大宁县土壤肥料化验室共同完成；图形矢量化、土壤养分图、数据库和地力评价工作由山西农业大学资源环境学院和山西省土壤肥料工作站完成，野外调查、室内数据汇总、图文资料收集和文字编写工作由大宁县农业委员会完成，在此一并致谢。

因水平有限，错误之处在所难免，望各位同仁予以批评指正。

编　者

2013 年 12 月

目 录

第一章 自然与农业生产概况

第一节 自然与农村经济概况

一、地理位置与行政区划

大宁县位于山西省吕梁山南端，地理坐标为北纬36°16′40″~36°36′25″，东经110°27′55″~111°0′40″。东西长50千米，南北宽38千米，国土总面积967平方千米。县境北与永和县接壤，南同吉县毗连；东与蒲县、隰县为邻，西与陕西省延长县隔黄河相望。

大宁县现辖2镇4乡84个行政村，289个自然村，总人口6.9万人。其中，农业人口5.3万人，是一个以种植业为主的山区农业县。

表1-1 大宁县行政区划与人口情况（2010年）

乡（镇）	总人口（人）	行政村（个）	自然村（个）
昕水镇	31 251	18	53
曲峨镇	12 425	17	82
三多乡	8 210	19	67
太德乡	5 031	8	18
徐家垛乡	7 686	15	44
太古乡	4 215	7	25
总　计	68 818	84	289

二、土地资源概况

据2010年统计资料，大宁县总耕地面积为24.57万亩*。其中，水浇地0.8万亩，旱地23.77万亩。

大宁县地处黄土高原，境内沟壑纵横，山峦逶迤，梁峁层叠，垣坡连绵。地势南北高中间低，形如盆地，素有"三川十垣沟四千，周围大山包一圈"之说。海拔最低为481米，最高为1 719米。境内有昕水河、义亭河和岔口河三条较大河流。从川到山形成中部河川区、南北部土石山区、东部残塬沟壑区和西部破碎残塬沟壑区等四种地貌单元。据1982年第二次土壤普查结果，大宁县土壤类型单一，只有1个土类，其下分为5个亚类，

---

* 亩为非法定计量单位，1亩＝1/15公顷。

19 个土属，35 个土种。

三、自然气候与水文地质

（一）气候

大宁县属大陆性暖温带半干旱季风气候区，气候温和，四季分明。春季干旱多风，夏季炎热多雨，秋季阴雨连绵，冬季寒冷干燥。由于特殊的地貌类型，全县呈掌形盆地，形成了特殊的盆地小气候。

1. 气温 年平均气温 10.7℃，1 月最冷，平均气温−5.6℃，极端最低气温−20℃（1980 年 2 月 1 日）；7 月最热，平均气温为 24.4℃，极端最高气温为 38.7℃（1980 年 5 月 29 日）。无霜期平均 212 天，最多 264 天（1977 年），最少 155 天（1959 年），10℃以上积温平均为 3851.7℃。

2. 地温 随着气温的变化，土壤温度也发生相应变化。大宁县地面年平均温度 13.1℃，较年平均气温高 2.4℃。最冷月 1 月地面平均温度−5.9℃，与气温比较二者仅相差 0.3℃；最热月 6 月地面平均温度 28.9℃，较同期平均气温高 4.6℃。20 厘米地温年平均为 12.6℃，最低−2.9℃，最高 25.6℃。

3. 日照 年平均日照时数为 2 466.7 小时，最长为 2 651.8 小时（1978 年），最短为 2 211.4 小时（1975 年）；5～8 月日照时数较多，平均为 237.3 小时，冬季较少，尤以 2 月最少，为 174.6 小时。

4. 降水量 年平均降水量为 536.9 毫米，年季变化较大，最多年达 775.4 毫米（1958 年），最少年仅 328.5 毫米（1965 年）。时空分布不均，历年春季 3～5 月 85.6 毫米，占全年降水量的 16%；夏季 6～8 月降水量最大，达 289.3 毫米，占全年降水量的 54%；秋季 9～11 月降水量为 146.7 毫米，占全年降水量的 27%；冬季 12 月至翌年 2 月最少，只有 15.6 毫米，仅占年降水量的 3%。在空间上，河川区和破碎残垣区 400～500 毫米，残垣沟壑区 500 毫米左右，土石山区 500～600 毫米。

5. 蒸发量 蒸发量大于降水量是大宁县半干旱大陆性季风气候的显著特点。年平均蒸发量为 1 759.4 毫米，是年降水量的 3.6 倍。5 月、6 月蒸发量最大，为 240～300 毫米，1 月和 12 月最小，在 45 毫米左右。从年际变化来看，1965 年最大，蒸发量为 2 000.5 毫米，1970 年最小，为 1 128.6 毫米。降水少、蒸发大，是造成大宁县十年九旱气候特点的重要原因。最大冻土层深度 40 厘米，基本风压 35 千克/平方米，基本雪压 20 千克/平立米，地震基本裂度 7°。

（二）成土母质

大宁县成土母质主要有以下几种：

1. 残积物 是山地和丘陵地区的基岩经过风化后残留在原地的岩石碎屑，是大宁县山区主要成土母质。土层薄，土体疏松，养分含量少，易遭受侵蚀。大宁县主要有石灰岩质、砂岩质、花岗片麻岩质、白云岩质 4 种残积母质。

2. 洪积物 是山区或丘陵区因暴雨汇成山洪造成大片侵蚀地表，搬运到山麓坡脚的沉积物。往往谷口沉积矿石和粗沙物质，沉积层次不清，而较远的洪积扇边缘沉积的物质较细，或粗沙粒较多的黄土性物质，层次较明显。

3. 黄土及黄土状物质 是第四纪晚期上更新统（Q3）的沉积物。大宁县耕地主要为黄土母质、黄土状母质和红黄土母质 3 种。

（1）黄土母质：为马兰黄土，以风积为主，颜色灰黄，质地均一，无层理，不含沙砾，以粉沙为主，碳酸盐含量较高，有小粒状的石灰性结核。

（2）黄土状母质：为次生黄土，系黄土经流水侵蚀搬运沉积而成，与黄土母质性质基本相同，只是质地较黏，通透性较差。

（3）红黄土母质：颜色红黄，质地较细，多为棱块、棱柱状结构，碳酸盐含量较少，中性或微碱性，其中常含有红色黏土性条带，为埋藏古褐土，并夹有大小不等的石灰结核或成层的石灰结核。

4. 冲积物 是风化碎屑物质、黄土等经河流侵蚀、搬运和沉积而成。由于河水的分选，造成不同质地的冲积层理，一般粗细相间，在水平方向上，越近河床越粗，在垂直剖面上沙黏交替。

（三）河流与地下水

大宁县水资源总量 4 350 万立方米，人均 690 立方米，比较丰富。境内有昕水河横穿全县，年径流量 23 482 万立方米，有小泉小水 198 处，年流量 4 683 立方米。

（四）自然植被

大宁县自然植被稀少，而且分布不匀。在二郎山、盘龙山一带，自然植被茂盛，分布着天然次生残林；二郎山主要为白皮松、侧柏、山杨、辽东栎针阔混交林，桦木山周围为桦木、椴树、辽东栎杂木林；盘龙山为侧柏、山杨、辽东栎等杂木林。灌木主要为黄栌、虎榛子、丁香、连翘、六道木、剪子、黄刺玫、醋柳等，乔灌覆盖度一般在 0.8 左右。双座山主要为草灌覆盖，灌木主要有黄刺玫、醋柳、二色胡枝子、剪子、丁香、连翘、多花木兰等。草类主要有羊胡草、蒿类、白羊草、小叶锦鸡儿、委陵菜、野棉花等，草灌总覆盖度一般在 0.6 以上。此外还有山杏、山樱桃、杜梨、山楂等生长。

在黄土荒坡上一般灌木极少，多为白羊草、达乌里胡枝子、角蒿、青蒿、白茅、多花木兰、败酱、芦草草、米口袋、二裂叶委陵菜、甘草、羊胡草、狗尾草，间而混有杠柳、小叶锦鸡儿、枸杞、崖边常见酸枣、臭椿。草覆盖度为 0.2～0.6。

昕水河和义亭河两岸地势较平坦，地下水较高，为良好的耕作区，耕作较殷盛，土壤肥沃，适种作物广泛。仅在河畔、路、渠边、地堰生长着蒿类、沙蓬、芦苇、马齿苋、狗尾草、苍耳等草本类植物。

四、农村经济概况

2011 年，大宁县第一产业收入为 11 590 万元。其中，农业收入为 7 768 万元，占 67%；林业收入为 1 174.9 万元，占 10%；畜牧业收入为 2 186.5 万元，占 18.1%，农林牧渔服务业收入为 459.8 万元，占 4%；其他收入 88.8 万元，占 0.9%。第二产业收入为 3 500 万元；第三产业收入为 19 400 万元。农民人均纯收入 1 666 元。

第二节　　农业生产概况

一、农业发展历史

大宁县农业历史悠久，春秋属晋之屈邑，战国时属魏之北屈，秦、汉到东晋十六国时皆属北屈县地。北周武帝保定元年（561 年）始置大宁县，隋开皇六年移大宁县至浮图镇，大宁移址二年并入午城县，唐武德二年置中州，复置大宁县，贞观元年废中州。元朝大宁并入隰州，二十三年又复置大宁。

新中国成立后，1958 年 6 月并入隰宁县，同年又并入吕梁县，1961 年 6 月恢复大宁县建制至今。

新中国成立以来，农业生产有了较快发展，特别是中共十一届三中全会以后，农业生产发展迅猛。随着农业机械化水平不断提高，农田水利设施的建设，农业新技术的推广应用，农业生产迈上了快车道。

二、农业发展现状与问题

大宁县光热资源丰富，园田化和梯田化水平较高，但水资源较缺，是农业发展的主要制约因素。全县耕地面积 24.57 万亩，其中水浇地面积 0.8 万亩，仅占耕地面积的 3.26%。

2011 年，大宁县农、林、牧、副、渔业总产值为 11 590 万元。其中，农业产值 7 768 万元，占 67%；林业产值 1 174.9 万元，占 10%；牧业产值 2 186 万元，占 18.1%；农、林、牧、渔服务业 459.8 万元，占 4%；其他产值 88.8 万元，占 0.9%。

据 2011 年统计部门资料，大宁县农作物总播种面积达 26 万亩，其中粮食作物播种面积为 23.2 万亩，总产量为 30 911.3 吨。粮食作物中，小麦面积为 3.6 万亩，总产 2 283.9 吨；玉米 8.7 万亩，总产 25 691.8 吨；豆类 1.51 万亩，总产 1523 吨；其他 1.59 万亩，总产 1 412.6 吨；苹果面积 7.8 万亩，产量 80 980.6 吨，由于新栽果树较多，所以，平均产量只有 300 多千克。见表 1 - 2。

表 1 - 2　大宁县主要农作物总产量

单位：吨、元

年　份	粮　食	油　料	棉　花	水　果	农民人均纯收入
2005	17 373	967	106	1 380	1 128.1
2011	30 911.3	450.4	332.5	7 940	1 666

畜牧业是大宁县一项优势产业。2011 年末，大宁县大牲畜存栏 21 897 头，牛 2 186 头，马 90 匹，驴 978 头，骡 601 头，猪 2 199 头，羊 15 843 只；家禽 27.96 万只。

大宁县农机化水平较高，田间作业基本实现机械化，大大减轻了劳动强度，提高了劳动效率。2011 年，全县农机总动力为 5.8 万千瓦，有大中型拖拉机 124 台。种植业机具门类齐全，有化肥深施机 25 台，机引铺膜机 15 台，秸秆粉碎还田机 46 台，排灌动力机械 10 台，机动喷雾器 105 台，联合收割机 8 台。此外，还有农副产品加工机械 980 台，农用运输车 627 辆，农用载重车 32 辆，推土机 108 台。

在农田水利建设方面，共拥有各类水利设施 1 253 处（眼），其中小型水利设施 15 处，水库 2 座，堤防 4 段，泵站 51 处站，机电井 89 眼。

从近年来农业生产看，一是苹果面积不断扩大；二是年际粮食作物播种面积波动较大，总体上呈减少趋势；三是设施蔬菜面积逐年增加较快。究其原因，主要是苹果和设施蔬菜是县政府确定发展的主导产业，经济效益收益高；而粮食市场价格波动较大，用工多；同时，随着人工费的增加，种粮比较效益较低。

第三节　耕地利用与保养管理

一、主要耕作方式及影响

大宁县的农田耕作方式主要为一年一作（小麦或玉米）和一年两作（小麦—豆类），以一年一作为主。一年两作的耕作方式，是在前茬作物收获后，秸秆还田，旋耕，播种下茬作物。旋耕深度一般为 20～25 厘米。其优点，一是两茬秸秆还田，可有效提高土壤有机质含量；二是采用机耕、机种，提高了劳动效率。缺点是土地耕翻深度较浅，活土层变薄，不利于作物根系下扎。一年一作多种植小麦、玉米、薯类。一般在伏天或冬前进行深耕，以便接纳雨雪、晒垡。深度一般可达 25 厘米以上，有利于打破犁底层，加厚活土层，同时还利于翻压杂草。

二、耕地利用现状，生产管理及效益

大宁县种植作物主要有春玉米、冬小麦、油料、小杂粮、蔬菜等，兼种西瓜、苹果等经济作物。

据 2011 年统计部门资料，大宁县农作物总播种面积达 26 万亩。其中，粮食作物播种面积为 23.2 万亩，总产量为 30 911.3 吨。在粮食作物，小麦面积为 3.6 万亩，总产 2 283.9 吨；玉米 8.7 万亩，总产 25 691.8 吨，豆类 1.51 万亩，总产 1 523 吨，其他 1.59 万亩，总产 1 412.6 吨；苹果面积 7.8 万亩，产量 80 980.6 吨，由于新栽果树较多。所以，平均产量只有 300 多千克。

从经济效益上来看，小麦一般年份亩产 105 千克左右，亩产值 315 元，投入 180 元，亩纯收入 115 元；玉米平均亩产 452 千克，按单价 1.8 元计，亩产值 813.6 元，亩投入 350 元，亩纯收入 463.6 元；苹果一般亩纯收入 2 500 元左右，远远高于粮食作物。如遇旱年，小麦收入更低，甚至亏本。玉米如遇卡脖旱，通常颗粒无收。苹果、蔬菜的经济效益一般要比粮食作物高出数倍，因此种植面积呈逐年扩大趋势。

三、施肥现状与耕地养分演变

多年来，大田农家肥施用量呈下降趋势。改革开放以前，农村耕地、运输主要以畜力为主，农家肥主要是大牲畜粪便。1949 年，大宁县仅有大牲畜 1.07 万头，新中国成立后随着农业生产的恢复和发展，到 1954 年增加到 2.16 万头，1967 年发展到 2.79 万头，直到 1983 年以前一直在 3 万头以下徘徊。随着家庭承包经营的推行，农业生产得以迅猛发展，到 1983 年，大牲畜数量突破了 3 万头，1989 年达到 4.15 万头，1997 年最多时发展到 4.68 万头。近年来，随着农业机械化水平的提高，大牲畜数量呈下降趋势，到 2010 年全县大牲畜存栏仅 1.007 2 万头。猪、羊和鸡的数量虽然大量增加，但粪便主要施用于蔬菜、水果等效益较高的经济作物。因而，目前大田土壤有机质来源主要依靠秸秆还田。

农田化肥的施用量，多年来呈逐年增加的趋势，随着测土配方施肥技术的推广普及，近几年增长幅度逐渐减缓。据统计资料，1957 年以前化肥施用量极少，1959 年不到 10 吨，1966 年用量突破百吨，为 104 吨。1971 年猛增到 1 513 吨，1984 年曾超过万吨，总用量 10 542 吨。1985—2007 年，总用量一直保持在 5 200～8 200 吨之间。测土配方施肥项目实施前（2008 年）达到 8 575 吨，折纯量 2 119 吨，其中氮肥 1 257 吨，磷肥 505 吨，钾肥 43 吨，复合肥 314 吨。2011 年农用化肥实物量为 11 025 吨，其中氮肥 4 474 吨，磷肥 4 080 吨，钾肥 596 吨，复合肥 1 875 吨。

随着农业生产的发展，秸秆还田、测土配方施肥以及其他农业实用技术的大面积推广，现阶段耕层土壤养分比 1982 年第二次土壤普查时普遍提高。据 2011 年测定结果，各种养分分别增加：土壤有机质为 0.85 克/千克，全氮为 0.14 克/千克，有效磷为 8.76 毫克/千克，速效钾为 48.14 毫克/千克。随着测土配方施肥技术的全面推广应用，土壤肥力水平将会不断提升。

四、农田环境质量

目前，大宁县环境质量状况为：

（1）空气：2011 年空气质量二级以上天数为 365 天，其中一级天数 233 天，空气中主要污染物为 PM10。

（2）地表水：县域内主要河流为昕水河和义亭河，属黄河支流。评价区河段按《地表水环境质量标准》（GB 3838—2002），水质现状为四类，水质指标 COD 值约为 135 毫克/升，NH_4^+ - N 值约为 25 毫克/升。

（3）地下水：县域地下水总量 4 132 万立方米，水质类型为 HCO_3^- - Ca、HCO_3^- - CaMg 或 HCO_3^- - Na 型水，评价区地下水按行规《地下水环境质量标准》（GB/T 14848—1993），为中Ⅲ类。

五、耕地利用与保养管理简要回顾

1985—1995 年，根据全国第二次土壤普查结果，大宁县划分了土壤利用改良分区。根据不同土壤类型、不同土壤肥力和不同生产水平，提出了培肥措施，为合理利用土壤、培肥土壤提供了科学依据。

1995 年以来，随着农业产业结构调整步伐加快，沃土工程、测土配方施肥以及两茬秸秆直接还田技术的大面积推广，特别是 2009 年，测土配方施肥项目的全面实施，使全县的科学施肥水平得到很大提高。加上退耕还林等生态措施的实施，农业大环境得到了有效改变。近年来，随着科学发展观的贯彻落实，环境保护力度不断加大，农田环境日益好转。

第二章　耕地地力调查与质量评价的内容和方法

根据《全国耕地地力调查与质量评价技术规程》（以下简称《规程》）和《全国测土配方施肥技术规范》（以下简称《规范》）的要求，通过肥料效应田间试验、样品采集与制备、田间基本情况调查、土壤与植株测试、肥料配方设计、配方肥料合理使用、效果反馈与评价、数据汇总、报告撰写等内容、方法与操作规程和耕地地力评价方法的工作过程，进行耕地地力调查和质量评价。这次调查和评价是基于 4 个方面进行的。一是通过耕地地力调查与评价，合理调整农业结构、满足市场对农产品多样化、优质化的要求以及经济发展的需要；二是全面了解耕地质量现状，为无公害农产品、绿色食品、有机食品生产提供科学依据，为人民提供健康安全食品；三是针对耕地土壤的障碍因子，提出中低产田改造、防止土壤退化及修复已污染土壤的意见和措施，提高耕地综合生产能力；四是通过调查，建立全县耕地资源信息管理系统和测土配方施肥专家咨询系统，对耕地质量和测土配方施肥实行计算机网络管理，形成较为完善的测土配方施肥数据库，为农业增产、农业增效、农民增收提供科学决策依据，保证农业可持续发展。

第一节　工作准备

一、组织准备

由山西省农业厅牵头成立了测土配方施肥和耕地地力调查领导组、专家组、技术指导组，大宁县成立了相应的领导组、办公室、野外调查队和室内资料数据汇总组。

二、物质准备

根据《规程》和《规范》要求，进行了充分物质准备，先后配备了 GPS 定位仪、不锈钢土钻、计算机、钢卷尺、100 立方厘米环刀、土袋、可封口塑料袋、水样瓶、水样固定剂、化验药品、化验室仪器以及调查表格等。并在原来土壤化验室基础上，进行必要补充和维修，为全面调查和室内化验分析做好了充分物质准备。

三、技术准备

领导组聘请农业系统有关专家及第二次土壤普查有关人员，组成技术指导组，根据《规程》和《山西省 2005 年区域性耕地地力调查与质量评价实施方案》及《规范》，制定了《大宁县测土配方施肥技术规范及耕地地力调查与质量评价技术规程》，并编写了技术培训教材。在采样调查前对采样调查人员进行认真、系统的技术培训。

四、资料准备

按照《规程》和《规范》要求，收集了大宁县行政规划图、地形图、第二次土壤普查成果图、基本农田保护区划图、土地利用现状图、农田水利分区图等图件。同时，收集了第二次土壤普查成果资料，基本农田保护区地块基本情况、基本农田保护区划统计资料，大气和水质量污染分布及排污资料，粮食、果树、蔬菜及经济作物面积、品种、产量及污染等有关资料，农田水利灌溉区域、面积及地块灌溉保证率，退耕还林规划，肥料、农药使用品种及数量、肥力动态监测等资料。

第二节　室内预研究

一、确定采样点位

（一）布点与采样原则

为了使土壤调查所获取的信息具有一定的典型性和代表性，提高工作效率，节省人力和资金，采样前参考县级土壤图，进行采样规划设计，确定采样点位。实际采样时不得随意变更采样点，若有变更须注明理由。在布点和采样时主要遵循了以下原则：一是布点具有广泛的代表性，同时兼顾空间分布的均匀性。根据土壤类型、土地利用等因素，将采样区域划分为若干个采样单元，每个采样单元的土壤性状要尽可能一致；二是尽可能在全国第二次土壤普查时的剖面或农化样取样点上布点；三是采集的样品具有典型性，能代表其对应的评价单元最明显、最稳定、最典型的特征，尽量避免各种非调查因素的影响；四是所调查农户随机抽取，按照事先所确定采样地点寻找符合基本采样条件的农户进行，采样在符合要求的同一农户的同一地块内进行。

（二）大田土样布点方法

按照《规程》和《规范》的要求，结合大宁县实际，将大田样点密度定为丘陵区平均每200亩一个点位，实际布设大田样点3 900个。一是依据山西省第二次土壤普查土种归属表，把那些图斑面积过小的土种，适当合并至母质类型相同、质地相近、土体构型相似的土种，修改编绘出新的土种图；二是将归并后的土种图与基本农田保护区划图和土地利用现状图叠加，形成评价单元；三是根据评价单元的个数及相应面积，在样点总数的控制范围内，初步确定不同评价单元的采样点数；四是在评价单元中，根据图斑大小、种植制度、作物种类、产量水平等因素的不同，确定布点数量和点位，并在图上予以标注。点位尽可能选在第二次土壤普查时的典型剖面取样点或农化样品取样点上；五是不同评价单元的取样数量和点位确定后，按照土种、作物品种、产量水平等因素，分别统计其相应的取样数量。当某一因素点位数过少或过多时，再根据实际情况进行适当调整。

二、确定采样方法

（一）大田土样采集方法

1. 采样时间　大宁县以玉米种植为主，一般在玉米收获后、下茬作物施肥前进行。按叠加图上确定的调查点位去野外采集样品。通过向农民实地了解当地的农业生产情况，确定最具代表性的同一农户的同一块田采样，田块面积均在 1 亩以上，并用 GPS 定位仪确定地理坐标和海拔高程，记录经纬度，精确到 0.1″。依此准确方位修正点位图上的点位位置。

2. 调查、取样　向已确定采样田块的户主，按农户地块调查表格的内容逐项进行调查并认真填写。调查严格遵循实事求是的原则，对那些说不清楚的农户，通过访问地力水平相当、位置基本一致的其他农户或对实物进行核对推算。采样主要采用"S"法，均匀随机采取 15～20 个采样点，充分混合后，四分法留取 1 千克组成一个土壤样品，并装入已准备好的土袋中。

3. 采样工具　全部采用不锈钢土钻，采样过程中努力保持土钻垂直，样点密度均匀，并要求每个样点取样深度保持一致。

4. 采样深度　为 0～20 厘米耕作层土样。

5. 采样记录　填写两张标签，土袋内外各具 1 张，注明采样编号、采样地点、采样人、采样日期等。采样同时，填写大田采样点基本情况调查表和大田采样点农户调查表。

（二）土壤容重采样方法

大田土壤选择 5～15 厘米土层打 3 个环刀。蔬菜地普通样点在 10～25 厘米。剖面样品在每层中部位置打环刀，每层打 3 个环刀。土壤容重点位和大田样点、菜田样点或土壤质量调查样点相吻合。

三、确定调查内容

根据《规范》要求，按照"测土配方施肥采样地块基本情况调查表"认真填写。这次调查的范围是基本农田保护区耕地和园地（包括蔬菜、果园和其他经济作物田），调查内容主要有 4 个方面：一是与耕地地力评价相关的耕地自然环境条件，农田基础设施建设水平和土壤理化性状，耕地土壤障碍因素和土壤退化原因等；二是与农产品品质相关的耕地土壤环境状况，如土壤的富营养化、养分不平衡与缺乏微量元素等；三是与农业结构调整密切相关的耕地土壤适宜性问题等；四是农户生产管理情况调查。

以上资料的获得，一是利用第二次土壤普查和土地利用详查等现有资料，通过收集整理而来；二是采用以点带面的调查方法，经过实地调查访问农户获得的；三是对所采集样品进行相关分析化验后取得；四是将所有有限的资料、农户生产管理情况调查资料、分析数据录入到计算机中，并经过矢量化处理形成数字化图件、插值，使每个地块均具有各种资料信息，来获取相关资料信息。这些资料和信息，对分析耕地地力评价与耕地质量评价结果及影响因素具有重要意义。如通过分析农户投入和生产管理对耕地地力土壤环境的影响，分析农民现阶段投入成本与耕地质量直接的关系，有利于提高成果的现实性，引起各级领导的关注。通过对每个地块资源的充实完善，可以从微观角度，对土、肥、气、热、水资源运行情况有更周密的了解，提出管理措施和对策，指导农民进行资源合理利用和分配。通过对全部信息资料的了解和掌握，可以宏观调控资源配置，合理调整农业产业结构，科学指导农业生产。

四、确定分析项目和方法

根据《规程》及《山西省耕地地力调查及质量评价实施方案》和《规范》规定，土壤质量调查样品检测项目为：pH、有机质、全氮、碱解氮、全磷、有效磷、全钾、速效钾、缓效钾、有效硫、阳离子交换量、有效铜、有效锌、有效铁、有效锰、水溶性硼、有效钼17个项目。其分析方法按全国统一规定的测定方法进行。

五、确定技术路线

本次耕地地力调查与质量评价所采用的技术路线，主要是以土壤图、土地利用现状图、基本农田保护图为基础图件，应用专家经验法、主要成分分析法、数据标准化模型等进行。详见图 2-1。

1. 确定评价单元　利用基本农田保护区区划图、土壤图和土地利用现状图叠加的图斑为基本评价单元。相似相近的评价单元至少采集一个土壤样品进行分析，在评价单元图上连接评价单元属性数据库，用计算机绘制各评价因子图。

2. 确定评价因子　根据全国、省级耕地地力评价指标体系并通过农科教专家论证来选择大宁县县域耕地地力评价因子。

3. 确定评价因子权重　用模糊数学德尔菲法和层次分析法将评价因子标准数据化，并计算出每一评价因子的权重。

4. 数据标准化　选用隶属函数法和专家经验法等数据标准化方法，对评价指标进行数据标准化处理，对定性指标要进行数值化描述。

5. 综合地力指数计算　用各因子的地力指数累加得到每个评价单元的综合地力指数。

6. 划分地力等级　根据综合地力指数分布的累积频率曲线法或等距法，确定分级方案，并划分地力等级。

7. 归入全国耕地地力等级体系　依据《全国耕地类型区、耕地地力等级划分》（NY/T 309—1996），归纳整理各级耕地地力要素主要指标，结合专家经验，将各级耕地地力归入全国耕地地力等级体系。

8. 划分中低产田类型　依据《全国中低产田类型划分与改良技术规范》（NY/T 310—1996），分析评价单元耕地土壤主要障碍因素，划分并确定中低产田类型。

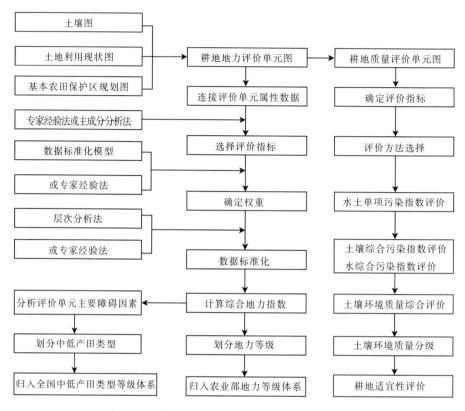

图 2-1 耕地地力调查与质量评价技术路线流程

第三节 野外调查及质量控制

一、调查方法

野外调查的重点是对取样点的立地条件、土壤属性、农田基础设施条件、农户栽培管理成本、收益等情况全面了解、掌握。

1. 室内确定采样位置 技术指导组根据要求，在 1∶10 000 评价单元图上确定各类型采样点的采样位置，并在图上标注。

2. 培训野外调查人员 抽调技术素质高、责任心强的农业技术人员，尽可能抽调第二次土壤普查人员，经过为期 3 天的专业培训和野外实习，组成 5 支野外调查队，共 16 人参加野外调查。

3. 根据《规程》和《规范》的要求，严格取样 各野外调查支队根据图标位置，在了解农户农业生产情况基础上，确定具有代表性田块和农户，用 GPS 定位仪进行定位，依据田块准确方位修正点位图上的点位位置。

4. 按照《规程》、省级实施方案要求规定和《规范》规定，填写调查表格，并将采集的样品统一编号，带回室内化验。

二、调查内容

（一）基本情况调查项目

1. 采样地点和地块　地址名称采用民政部门认可的正式名称。地块采用当地的通俗名称。

2. 经纬度及海拔高度　由 GPS 定位仪进行测定。

3. 地形地貌　以形态特征划分为四大地貌类型，即山地、黄土丘陵、黄土台垣、河谷川地。

4. 地形部位　指中小地貌单元。主要包括河漫滩、一级阶地、二级阶地、高阶地、坡地、梁地、垣地、峁地、山地、沟谷、洪积扇（上、中、下）、倾斜平原、河槽地、冲积平原。

5. 坡度　一般分为 <2.0°、2.1°~5.0°、5.1°~8.0°、8.1°~15.0°、15.1°~25.0°、≥25.0°。

6. 侵蚀情况　按侵蚀种类和侵蚀程度记载，根据土壤侵蚀类型可划分为水蚀、风蚀、重力侵蚀、冻融侵蚀、混合侵蚀等，侵蚀程度通常分为无明显、轻度、中度、强度、极强度等六级。

7. 潜水深度　指地下水深度，分为深位（3~5米）、中位（2~3米）、浅位（≤2米）。

8. 家庭人口及耕地面积　指每个农户实有的人口数量和种植耕地面积（亩）。

（二）土壤性状调查项目

1. 土壤名称　统一按第二次土壤普查时的连续命名法填写，详细到土种。

2. 土壤质地　采用卡庆斯基分类制，全部样品均采用手摸测定。分为：沙土、沙壤、轻壤、中壤、重壤、黏土 6 级。

3. 质地构型　指不同土层之间质地构造变化情况。一般可分为通体壤、通体黏、通体沙、黏夹沙、底沙、壤夹黏、多砾、少砾、夹砾、底砾、少姜、多姜等。

4. 耕层厚度　用铁锹垂直铲下去，用钢卷尺按实际进行测量确定。

5. 障碍层次及深度　主要指沙土、黏土、砾石、料姜等所发生的层位、层次及深度。

6. 盐碱情况　按盐碱类型划分为苏打盐化、硫酸盐盐化、氯化物盐化、混合盐化等。盐化程度分为重度、中度、轻度等，碱化也分为轻、中、重度等。

7. 土壤母质　按成因类型分为保德红土、残积物、河流冲积物、洪积物、黄土状冲积物、离石黄土、马兰黄土等类型。

（三）农田设施调查项目

1. 地面平整度　按大范围地形坡度分为平整（<2°）、基本平整（2°~5°）、不平整（>5°）。

2. 梯田化水平　分为地面平坦、园田化水平高，地面基本平坦、园田化水平较高，高水平梯田，缓坡梯田，新修梯田，坡耕地 6 种类型。

3. 田间输水方式 管道、防渗渠道、土渠等。

4. 灌溉方式 分为漫灌、畦灌、沟灌、滴灌、喷灌、管灌等。

5. 灌溉保证率 分为充分满足、基本满足、一般满足、无灌溉条件4种情况或按灌溉保证率（％）计。

6. 排涝能力 分为强、中、弱三级。

（四）生产性能与管理情况调查项目

1. 种植（轮作）制度 分为一年一熟、一年两熟、两年三熟等。

2. 作物（蔬菜）种类与产量 指调查地块上年度主要种植作物及其平均产量。

3. 耕翻方式及深度 指翻耕、旋耕、耙地、耱地、中耕等。

4. 秸秆还田情况 分翻压还田、覆盖还田等。

5. 设施类型棚龄或种菜年限 分为薄膜覆盖、塑料拱棚、温室等，棚龄以正式投入算起。

6. 上年度灌溉情况 包括灌溉方式、灌溉次数、年灌水量、水源类型、灌溉费用等。

7. 年度施肥情况 包括有机肥、氮肥、磷肥、钾肥、复合（混）肥、微肥、叶面肥、微生物肥及其他肥料施用情况，有机肥要注明类型，化肥指纯养分。

8. 上年度生产成本 包括化肥、有机肥、农药、农膜、种子（种苗）、机械人工及其他。

9. 上年度农药使用情况 农药作用次数、品种、数量。

10. 产品销售及收入情况。

11. 作物品种及种子来源。

12. 蔬菜效益 指当年纯收益。

土壤调查主要由工作人员深入田间地块、农户进行，采用地块基本情况调查表和农户施肥情况调查表，调查组详细填写两种表格。见表2-1、表2-2。

表 2-1 测土配方施肥采样地块基本情况调查

统一编号：_____ 调查组号：_____ 采样序号：_____

采样目的：_____ 采样日期：_____ 上次采样日期：_____

地理位置	省（市）名称		地（市）名称		县（旗）名称	
	乡（镇）名称		村名称		邮政编码	
	农户名称		地块名称		电话号码	
	地块位置		距村距离（米）		/	
	北纬（°）		东经（°）		海拔高度（米）	
自然条件	地貌类型		地形部位		/	
	地面坡度（°）		地面坡度（°）		坡向	
	通常地下水位（厘米）		最高地下水位（厘米）		最深地下水位（厘米）	
	常年降水量（毫米）		常年有效积温（℃）		常年无霜期（天）	

（续）

生产条件	农田基础设施		排水能力		灌溉能力	
	水源条件		输水方式		灌溉方式	
	熟　制		典型种植制度		常年产量水平（千克/亩）	

土壤情况	土　类		亚　类		土　属	
	土　种		俗　名		/	
	成土母质		剖面构型		土壤质地（手测）	
	土壤结构		障碍因素		侵蚀程度	
	耕层厚度（厘米）		采样深度（厘米）		肥力等级	
	田块面积（亩）		代表面积（亩）		/	/

来年种植意向	茬　口	第一季	第二季	第三季	第四季	第五季
	作物名称					
	品种名称					
	目标产量					

采样调查单位	单位名称			联系人	
	地　址			邮政编码	
	电　话		传　真	采样调查人	
	E—mail				

表2-2　农户施肥情况调查

统一编号：　　　　　播种年月：

施肥相关情况	生长季节		作物类型名称		作物品种名称	
	播种季节		收获日期		常年产量水平	
	生长期内降水次数		生长期内降水总量		/	
	生长期内灌水次数		生长期内灌水总量		灾害情况	

推荐施肥情况	是否推荐施肥指导		推荐单位性质			推荐单位名称		

	配方内容	目标产量	推荐肥料成本	化肥（千克/亩）					有机肥（千克/亩）	
				大量元素			其他元素		肥料名称	实物量
				N	P₂O₅	K₂O	养分名称	养分用量		

实际施肥总体情况	实际产量（千克/亩）	实际肥料成本（元/亩）	化肥（千克/亩）					有机肥（千克/亩）	
			大量元素			其他元素		肥料名称	实物量
			N	P₂O₅	K₂O	养分名称	养分用量		

（续）

汇　总					施肥情况					
		施肥序次	施肥时期	项　目	第一种	第二种	第三种	第四种	第五种	第六种
实际施肥明细	施肥明细	第一次		肥料种类						
				肥料名称						
				养分含量情况（%） 大量元素 N						
				养分含量情况（%） 大量元素 P₂O₅						
				养分含量情况（%） 大量元素 K₂O						
				养分含量情况（%） 其他元素 养分名称						
				养分含量情况（%） 其他元素 养分含量						
				实物量（千克/亩）						
		第二次		肥料种类						
				肥料名称						
				养分含量情况（%） 大量元素 N						
				养分含量情况（%） 大量元素 P₂O₅						
				养分含量情况（%） 大量元素 K₂O						
				养分含量情况（%） 其他元素 养分名称						
				养分含量情况（%） 其他元素 养分含量						
				实物量（千克/亩）						
		第…次		肥料种类						
				肥料名称						
				养分含量情况（%） 大量元素 N						
				养分含量情况（%） 大量元素 P₂O₅						
				养分含量情况（%） 大量元素 K₂O						
				养分含量情况（%） 其他元素 养分名称						
				养分含量情况（%） 其他元素 养分含量						
				实物量（千克/亩）						
		第六次		肥料种类						

三、采样数量

本次调查，共采集大田土壤样品 3 900 个，经剔除异常值，用于地力评价的土壤样品有 3 535 个。

四、采样控制

野外调查采样是此次调查评价的关键。既要考虑样品的代表性、均匀性，也要考虑样品的典型性。根据大宁县的区划划分特征，不同作物类型、不同地力水平的农田严格按照《规程》和《规范》要求均匀布点，并按图标布点实地核查后进行定点采样。整个采样过程严肃认真，达到了《规程》要求，保证了调查采样质量。

第四节　样品分析及质量控制

一、分析项目及方法

（一）物理性状
土壤容重：采用环刀法测定。
（二）化学性状
1. 土壤样品
（1）pH：土液比 1∶2.5，采用电位法测定。
（2）有机质：采用油浴加热重铬酸钾氧化容量法测定。
（3）全磷：采用氢氧化钠熔融——钼锑抗比色法测定。
（4）有效磷：采用碳酸氢钠浸提——钼锑抗比色法测定。
（5）全钾：采用氢氧化钠熔融——火焰光度计法测定。
（6）速效钾：采用乙酸铵浸提——火焰光度计法测定。
（7）全氮：采用凯氏蒸馏法测定。
（8）碱解氮：采用碱解扩散法测定。
（9）缓效钾：采用硝酸提取——火焰光度法测定。
（10）有效铜、锌、铁、锰：采用 DTPA 提取——原子吸收光谱法测定。
（11）有效钼：采用草酸—草酸铵浸提——极谱法测定。
（12）水溶性硼：采用沸水浸提——姜黄素比色法测定。
（13）有效硫：采用磷酸盐—乙酸浸提——硫酸钡比浊法测定。
（14）有效硅：采用柠檬酸浸提——硅钼蓝色比色法测定。
（15）交换性钙和镁：采用乙酸铵提取——原子吸收光谱法测定。
（16）阳离子交换量：采用 EDTA—乙酸铵盐交换法测定。

2. 植株测定
（1）全氮、全磷、全钾：硫酸—过氧化氢消煮，全氮采用蒸馏法测定；全磷采用钼锑抗比色法测定；全钾采用火焰光度计法测定。
（2）水分：采用常压恒温干燥法测定。
（3）粗灰分：采用干灰化法测定。
（4）全钙、全镁：采用干灰化—稀盐酸溶解，原子吸收分光光度计法测定。

（5）全硫：采用硝酸—高氯酸消煮，硫酸钡比浊法测定。

（6）全硼：采用干灰化—稀盐酸溶解，姜黄素比色法测定。

（7）全铜、锌、铁、锰：采用干灰化，原子吸收分光光度计法测定。

二、分析测试质量控制

分析测试质量主要包括野外调查取样后样品风干、处理与实验室分析化验质量，其质量的控制是调查评价的关键。

（一）样品风干及处理

常规样品如大田样品，及时放置在干燥、通风、卫生、无污染的室内风干，风干后送化验室处理。

将风干后的样品平铺在制样板上，用木棍或塑料棍碾压，并将植物残体、石块等侵入体和新生体剔除干净。细小已断的植物须根，采用静电吸附的方法清除。压碎的土样用2毫米孔径筛过筛，未通过的土粒重新碾压，直至全部样品通过2毫米孔径筛为止。通过2毫米孔径筛的土样供pH、养分、交换性能及有效养分等项目的测定。

将通过2毫米孔径筛的土样用四分法取出一部分继续碾磨，使之全部通过0.25毫米孔径筛，供有机质、全氮、碳酸钙等项目的测定。

用于微量元素分析的土样，其处理方法同一般化学分析样品，但在采样、风干、研磨、过筛、运输、储存等诸环节都要特别注意，不要接触容易造成样品污染的铁、铜等金属器具。采样、制样使用不锈钢、木、竹或塑料工具，过筛使用尼龙网筛等。通过2毫米孔径尼龙筛的样品用于测定土壤有效态微量元素。

将风干土样反复碾碎，用2毫米孔径筛过筛。留在筛上的碎石称量后保存，同时将过筛的土壤称重，计算石砾质量百分数。将通过2毫米孔径筛的土样混匀后盛于广口瓶内，用于颗粒分析及其他物理性质测定。对于风干土样中的铁锰结核、石灰结核、铁子或半风化体，不能用木棍碾碎，应首先将其细心拣出称量保存，然后再进行碾碎。

（二）实验室质量控制

1. 在测试前采取的主要措施

（1）按《规程》要求制订了周密的采样方案，尽量减少采样误差（把采样作为分析检验的一部分）。

（2）正式开始分析前，对检验人员进行了为期2周的培训：对监测项目、监测方法、操作要点、注意事项一一进行培训，并进行了质量考核，为监验人员掌握了解项目分析技术、提高业务水平、减少误差等奠定了基础。

（3）收样登记制度：制定了收样登记制度，将收样时间、制样时间、处理方法与时间、分析时间一一登记，并在收样时确定样品统一编码、野外编码及标签等，从而确保了样品的真实性和整个过程的完整性。

（4）测试方法确认（尤其是同一项目有几种检测方法时）：根据实验室现有条件、要求规定及分析人员掌握情况等确立最终采取的分析方法。

（5）测试环境确认：为减少系统误差，对实验室温湿度、试剂、用水、器皿等一一检验，保证其符合测试条件。对有些相互干扰的项目分开实验室进行分析。

(6) 检测用仪器设备及时进行计量检定，定期进行运行状况检查。

2. 在检测中采取的主要措施

(1) 仪器使用实行登记制度，并及时对仪器设备进行检查维修和调整。

(2) 严格执行项目分析标准或规程，确保测试结果准确性。

(3) 坚持平行试验、必要的重显性试验，控制精密度，减少随机误差。

每个项目开始分析时每批样品均须做 100％平行样品，结果稳定后，平行次数减少 50％，最少保证做 10％～15％平行样品。每个化验人员都自行编入明码样做平行测定，质控员还编入 10％密码样进行质量控制。平行双样测定结果的误差在允许的范围之内为合格；平行双样测定全部不合格者，该批样品须重新测定；平行双样测定合格率<95％时，除对不合格的重新测定外，再增加 10％～20％的平行测定率，直到总合格率达 95％。

(4) 坚持带质控样进行测定：

①与标准样对照：分析中，每批次带标准样品 10％～20％，以测定的精密度合格的前提下，标准样测定值在标准保证值（95％的置信水平）范围的为合格，否则本批结果无效，进行重新分析测定。

②加标回收法：对灌溉水样由于无标准物质或质控样品，采用加标回收试验来测定准确度。

加标率，在每批样品中，随机抽取 10％～20％试样进行加标回收测定。

加标量，被测组分的总量不得超出方法的测定上限。加标浓度宜高，体积应小，不应超过原定试样体积的 1％。

加标回收率在 90％～110％范围内的为合格。

$$加标回收率（％）＝\frac{测得总量－样品含量}{标准加入量}×100$$

根据回收率大小，也可判断是否存在系统误差。

(5) 注重空白试验：全程空白值是指用某一方法测定某物质时，除样品中不含该物质外，整个分析过程中引起的信号值或相应浓度值。它包含了试剂、蒸馏水中杂质带来的干扰，从待测试样的测定值中扣除，可消除上述因素带来的系统误差。如果空白值过高，则要找出原因，采取其他措施（如提纯试剂、更新试剂、更换容器等）加以消除。保证每批次样品做 2 个以上空白样，并在整个项目开始前按要求做全程序空白测定，每次做 2 个平行空白样，连测 5 天共得 10 个测定结果，计算批内标准偏差 S_{wb}

$$S_{wb}＝[\sum (X_i－X_平)^2/m(n－1)]^{1/2}$$

式中：n——每天测定平均样个数；

m——测定天数。

(6) 做好校准曲线：比色分析中标准系列保证设置 6 个以上浓度点。根据浓度和吸光值按一元线性回归方程 $Y＝a＋bX$ 计算其相关系数。

式中：Y——吸光度；

X——待测液浓度；

a——截距；

b——斜率。

要求标准曲线相关系数 r≥0.999。

校准曲线控制：①每批样品皆需做校准曲线；②标准曲线力求 r≥0.999，且有良好重现性；③大批量分析时每测 10～20 个样品要用一标准液校验，检查仪器状况；④待测液浓度超标时不能任意外推。

（7）用标准物质校核实验室的标准滴定溶液：标准物质的作用是校准。对测量过程中使用的基准纯、优级纯的试剂进行校验。校准合格才准用，确保量值准确。

（8）详细、如实记录测试过程，使检测条件可再现、检测数据可追溯。对测量过程中出现的异常情况也及时记录，及时查找原因。

（9）认真填写测试原始记录，测试记录做到：如实、准确、完整、清晰。记录的填写、更改均制定了相应制度和程序。当测试由一人读数一人记录时，记录人员复读多次所记的数字，减少误差发生。

3. 检测后主要采取的技术措施

（1）加强原始记录校核、审核，实行"三审三校"制度，对发现的问题及时研究、解决，或召开质量分析会，达成共识。

（2）运用质量控制图预防质量事故发生。对运用均值—极差控制图的判断，参照《质量专业理论与实名》中的判断准则。对控制样品进行多次重复测定，由所得结果计算出控制样的平均值 X 及标准差 S（或极差 R），就可绘制均值—标准差控制图（或均值—极差控制图），纵坐标为测定值，横坐标为获得数据的顺序。将均值 X 作成与横坐标平行的中心级 CL，$X\pm3S$ 为上下警戒限 UCL 及 LCL，$X\pm2S$ 为上下警戒限 UWL 及 LWL，在进行试样列行分析时，每批带入控制样，根据差异判异准则进行判断。如果在控制限之外，该批结果为全部错误结果，则必须查出原因，采取措施，加以消除，除"回控"后再重复测定，并控制不再出现，如果控制样的结果落在控制限和警戒限之间，说明精密度已不理想，应引起注意。

（3）控制检出限：检出限是指对某一特定的分析方法在给定的置信水平内，可以从样品中检测的待测物质的最小浓度或最小量。根据空白测定的批内标准偏差（S_{wb}）按下列公式计算检出限（95％的置信水平）。

①若试样一次测定值与零浓度试样一次测定值有显著性差异时，检出限（L）按下列公式计算：

$$L=2\times2^{1/2}t_f S_{wb}$$

式中：L——方法检出限；

t_f——显著水平为 0.05（单侧）、自由度为 f 的 t 值；

S_{wb}——批内空白值标准偏差；

f——批内自由度，$f=m(n-1)$，m 为重复测定次数，

n——平行测定次数。

②原子吸收分析方法中检出限计算：$L=3 S_{wb}$。

③分光光度法以扣除空白值后的吸光值为 0.010 相对应的浓度值为检出限。

（4）及时对异常情况处理：

①异常值的取舍：对检测数据中的异常值，按 GB 4883 标准规定采用 Grubbs 法或 Dixon 法加以判断处理。

②因外界干扰（如停电、停水），检测人员应终止检测，待排除干扰后重新检测，并记录干扰情况。当仪器出现故障时，故障排除后校准合格的，方可重新检测。

（5）使用计算机采集、处理、运算、记录、报告、存储检测数据时，应制定相应的控制程序。

（6）检验报告的编制、审核、签发：检验报告是实验工作的最终结果，是试验室的产品。因此，对检验报告质量要高度重视。检验报告应做到完整、准确、清晰、结论正确。必须坚持三级审核制度，明确制表、审核、签发的职责。

除此之外，为保证分析化验质量，提高实验室之间分析结果的可比性，山西省土壤肥料工作站抽查 5％～10％样品在省测试中心进行复核，并编制密码样，对实验室进行质量监督和控制。

4. 技术交流　在分析过程中，发现问题及时交流，改进方法，不断提高技术水平。

5. 数据录入　分析数据按规程和方案要求审核后编码整理，和采样点一一对照，确认无误后进行录入。采取双人录入相互对照的方法，保证录入正确率。

第五节　评价依据、方法及评价标准体系的建立

一、评价原则依据

1. 立地条件　指耕地土壤的自然环境条件，它包含与耕地与质量直接相关的地貌类型及地形部位、成土母质、地面坡度等。

（1）地貌类型及其特征描述：由平川到山地，垂直分布的主要地形地貌有河流及河谷冲积平原（河漫滩、一级阶地、二级阶地），山前倾斜平原（洪积扇上、中、下等），丘陵（梁地、坡地、垣地等）和山地（石质山、土石山等）。

（2）成土母质及其主要分布：耕地土壤的母质类型有洪积物、河流冲积物、残积物、离石黄土、马兰黄土、黄土状冲积物（丘陵及山前倾斜平原区）。

（3）地面坡度：地面坡度反映水土流失程度，直接影响耕地地力，大宁县将地面坡度小于 25°的耕地依坡度大小分成 6 级（＜2.0°、2.1°～5.0°、5.1°～8.0°、8.1°～15.0°、15.1°～25.0°、≥25.0°）进入地力评价系统。

2. 土壤属性

（1）土体构型：指土壤剖面中不同土层间质地构造变化情况，直接反映土壤发育及障碍层次，影响根系发育、水肥保持及有效供给，包括有效土层厚度、耕作层厚度、质地构型等 3 个因素。

①有效土层厚度：指土壤层和松散的母质层之和，按其厚度深浅从高到低依次分为 6 级（＞150 厘米、101～150 厘米、76～100 厘米、51～75 厘米、26～50 厘米、≤25 厘米）进入地力评价系统。

②耕层厚度：按其厚度深浅从高到低依次分为 6 级（＞30 厘米、26～30 厘米、21～

25 厘米、16～20 厘米、11～15 厘米、≤10 厘米）进入地力评价系统。

③质地构型：大宁县耕地质地构型主要分为通体型（包括通体壤、通体黏、通体沙）、夹沙（包括壤夹沙、黏夹沙）、底沙、夹黏（包括壤夹黏、沙夹黏）、深黏、夹砾、底砾、通体少砾、通体多砾、通体少姜、浅姜、通体多姜等。

（2）耕层土壤理化性状：分为较稳定的理化性状（容重、质地、有机质、盐渍化程度、pH）和易变化的化学性状（有效磷、速效钾）两大部分。

①容重：影响作物根系发育及水肥供给，进而影响产量。从高到低依次分为 6 级（≤1.00 克/立方厘米、1.01～1.14 克/立方厘米、1.15～1.26 克/立方厘米、1.27～1.30 克/立方厘米、1.31～1.4 克/立方厘米、＞1.40 克/立方厘米）进入地力评价系统。

②质地：影响水肥保持及耕作性能。按卡庆斯基制的 6 级划分体系来描述，分别为沙土、沙壤、轻壤、中壤、重壤、黏土。

③有机质：土壤肥力的重要指标，直接影响耕地地力水平。按其含量从高到低依次分为 6 级（＞25.00 克/千克、20.01～25.00 克/千克、15.01～20.00 克/千克、10.01～15.00 克/千克、5.01～10.00 克/千克、≤5.00 克/千克）进入地力评价系统。

④pH：过大或过小，作物生长发育受抑。按照大宁县耕地土壤的 pH 范围，按其测定值由低到高依次分为 6 级（6.0～7.0、7.0～7.9、7.9～8.5、8.5～9.0、9.0～9.5、≥9.5）进入地力评价系统。

⑤有效磷：按其含量从高到低依次分为 6 级（＞25.00 毫克/千克、20.1～25.00 毫克/千克、15.1～20.00 毫克/千克、10.1～15.00 毫克/千克、5.1～10.00 毫克/千克、≤5.00 毫克/千克）进入地力评价系统。

⑥速效钾：按其含量从高到低依次分为 6 级（＞200 毫克/千克、151～200 毫克/千克、101～150 毫克/千克、81～100 毫克/千克、51～80 毫克/千克、≤50 毫克/千克）进入地力评价系统。

3. 农田基础设施条件

（1）灌溉保证率：指降水不足时的有效补充程度，是提高作物产量的有效途径，分为充分满足，可随时灌溉；基本满足，在关键时期可保证灌溉；一般满足，大旱之年不能保证灌溉；无灌溉条件等 4 种情况。

（2）田园化水平：按园田化和梯田类型及其熟化程度分为地面平坦，园田化水平高；地面基本平坦，园田化水平较高；高水平梯田；缓坡梯田，熟化程度 5 年以上；新修梯田；坡耕地 6 种类型。

二、评价方法及流程

耕地地力评价

1. 技术方法

（1）文字评述法：对一些概念性的评价因子（如地形部位、土壤母质、质地构型、质地、梯田化水平、盐渍化程度等）进行定性描述。

（2）专家经验法（德尔菲法）：在全省农科教系统邀请土肥界具有一定学术水平和农

业生产实践经验的 34 名专家，参与评价因素的筛选和隶属度确定（包括概念型和数值型评价因子的评分）。

（3）模糊综合评判法：应用这种数理统计的方法对数值型评价因子（如地面坡度、有效土层厚度、耕层厚度、土壤容重、有机质、有效磷、速效钾、酸碱度等）进行定量描述，即利用专家给出的评分（隶属度）建立评价因子的隶属函数。本次评价确定三大因素 8 个因子为耕地地力评价指标。

（4）层次分析法：用于计算各参评因子的组合权重。本次评价，把耕地生产性能（即耕地地力）作为目标层（G 层），把影响耕地生产性能的立地条件、土体构型、较稳定的理化性状、易变化的化学性状、农田基础设施条件作为准则层（C 层），再把影响准则层中的各因素的项目作为指标层（A 层），建立耕地地力评价层次结构图。在此基础上，由 34 名专家分别对不同层次内各参评因素的重要性做出判断，构造出不同层次间的判断矩阵。最后计算出各评价因子的组合权重。

（5）指数和法：采用加权法计算耕地地力综合指数，即将各评价因子的组合权重与相应的因素等级分值（即由专家经验法或模糊综合评判法求得的隶属度）相乘后累加，如：

$$IFI = \sum B_i \times A_i (i = 1, 2, 3, \cdots, 15)$$

式中：IFI——耕地地力综合指数；

$\quad\quad B_i$——第 i 个评价因子的等级分值；

$\quad\quad A_i$——第 i 个评价因子的组合权重。

2. 技术流程

（1）应用叠加法确定评价单元：把基本农田保护区规划图与土地利用现状图、土壤图叠加形成的图斑作为评价单元。

（2）空间数据与属性数据的连接：用评价单元图分别与各个专题图叠加，为每一评价单元获取相应的属性数据。根据调查结果，提取属性数据进行补充。

（3）确定评价指标：根据全国耕地地力调查评价指数表，由山西省土壤肥料工作站组织 34 名专家，采用德尔菲法和模糊综合评判法确定大宁县耕地地力评价因子及其隶属度。

（4）应用层次分析法确定各评价因子的组合权重。

（5）数据标准化：计算各评价因子的隶属函数，对各评价因子的隶属度数值进行标准化。

（6）应用累加法计算每个评价单元的耕地地力综合指数。

（7）划分地力等级：分析综合地力指数分布，确定耕地地力综合指数的分级方案，划分地力等级。

（8）归入农业部地力等级体系：选择 10％的评价单元，调查近 3 年粮食单产（或用基础地理信息系统中已有资料），与以粮食作物产量为引导确定的耕地基础地力等级进行相关分析，找出两者之间的对应关系，将评价的地力等级归入农业部确定的等级体系（NY/T 309—1996　全国耕地类型区、耕地地力等级划分）。

（9）采用 GIS、GPS 系统编绘各种养分图和地力等级图等图件。

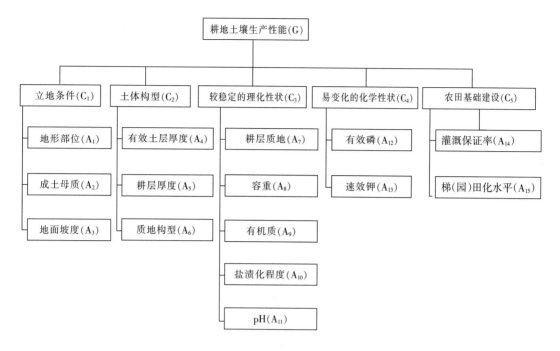

图 2-2 耕地地力要素的层次结构

三、评价标准体系建立

耕地地力评价标准体系建立

1. 耕地地力要素的层次结构 见图 2-2。

2. 耕地地力要素的隶属度

（1）概念性评价因子：各评价因子的隶属度及其描述见表 2-3。

表 2-3 评价因素和隶属度

因 子	平均值	众数值	建议值
立地条件（C_1）	1.6	1（17）	1
土体构型（C_2）	3.7	3（15）5（13）	3
较稳定的理化性状（C_3）	4.47	3（13）5（10）	4
易变化的化学性状（C_4）	4.2	5（13）3（11）	5
农田基础建设（C_5）	1.47	1（17）	1
地形部位（A_1）	1.8	1（23）	1
成土母质（A_2）	3.9	3（9）5（12）	5
地形坡度（A_3）	3.1	3（14）5（7）	3
有效土层厚度（A_4）	2.8	1（14）3（9）	1
耕层厚度（A_5）	2.7	3（17）1（10）	3

（续）

因　子	平均值	众数值	建议值
剖面构型（A_6）	2.8	1（12）3（11）	1
耕层质地（A_7）	2.9	1（13）5（11）	1
容重（A_8）	5.3	7（12）5（11）	6
有机质（A_9）	2.7	1（14）3（11）	3
盐渍化程度（A_{10}）	3.0	1（13）3（10）	1
pH（A_{11}）	4.5	3（10）7（10）	5
有效磷（A_{12}）	1.0	1（31）	1
速效钾（A_{13}）	2.7	3（16）1（10）	3
灌溉保证率（A_{14}）	1.2	1（30）	1
园（梯）田化水平（A_{15}）	4.5	5（15）7（7）	5

（2）数值型评价因子：各评价因子的隶属函数（经验公式）见表2-4。

表2-4　大宁县耕地地力评价数字型因子分级及其隶属度

评价因子	量　纲	量　值					
		1级	2级	3级	4级	5级	6级
地面坡度	°	<2.0	2.0～5.0	5.1～8.0	8.1～15.0	15.1～25.0	≥25
有效土层厚度	厘米	>150	101～150	76～100	51～75	26～50	≤25
耕层厚度	厘米	>30	26～30	21～25	16～20	11～15	<10
土壤容重	克/立方厘米	≤1.10	1.11～1.20	1.21～1.27	1.28～1.35	1.36～1.42	>1.42
有机质	克/千克	>25.0	20.01～25.00	15.01～20.00	10.01～15.00	5.01～10.00	≤5.00
pH		6.7～7.0	7.1～7.9	8.0～8.5	8.6～9.0	9.1～9.5	≥9.5
有效磷	毫克/千克	>25.0	20.1～25.0	15.1～20.0	10.1～15.0	5.1～10.0	≤5.0
速效钾	毫克/千克	>200	151～200	101～150	81～100	51～80	≤50

3. 耕地地力要素的组合权重　应用层次分析法所计算的各评价因子的组合权重（详见表2-5）。

表2-5　大宁县耕地评价指标

指标层	准则层					组合权重
	C_1	C_2	C_3	C_4	C_5	$\sum C_i A_i$
	0.406 3	0.082 2	0.079 0	0.142 0	0.290 5	1.000 0
A_1 地形部位	0.688 0					0.279 6
A_2 地面坡度	0.312 0					0.126 8
A_3 耕层厚度		1.000 0				0.082 2
A_4 有机质			0.272 3			0.040 4
A_5 pH			0.259 7			0.038 5

（续）

指标层	准则层					组合权重
	C_1	C_2	C_3	C_4	C_5	$\sum C_i A_i$
	0.406 3	0.082 2	0.079 0	0.142 0	0.290 5	1.000 0
A_6 有效磷				0.698 1		0.099 1
A_7 速效钾				0.301 9		0.042 9
A_8 园田化水平					1.000 0	0.290 5

第六节　耕地资源管理信息系统建立

一、耕地资源管理信息系统的总体设计

（一）总体目标

耕地资源信息系统以一个县行政区域内耕地资源为管理对象，应用 GIS 技术对辖区内的地形、地貌、土壤、土地利用、农田水利、土壤污染、农业生产基本情况、基本农田保护区等资料进行统一管理，构建耕地资源基础信息系统，并将此数据平台与各类管理模型结合，对辖区内的耕地资源进行系统的动态管理，为农业决策者、农民和农业技术人员提供耕地质量动态变化、土壤适宜性、施肥咨询、作物营养诊断等多方位的信息服务。

本系统行政单元为村，农田单元为基本农田保护块，土壤单元为土种，系统基本管理单元为土壤、基本农田保护块、土地利用现状叠加所形成的评价单元系统结构。耕地资源管理信息系统结构见图 2-3，县域耕地资源管理信息系统建立工作流程详见图 2-4。

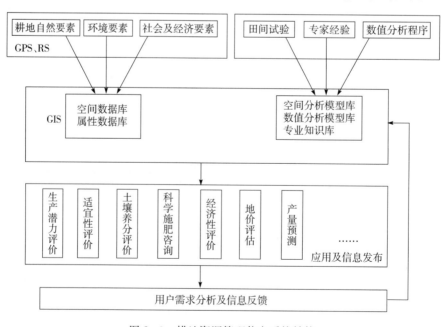

图 2-3　耕地资源管理信息系统结构

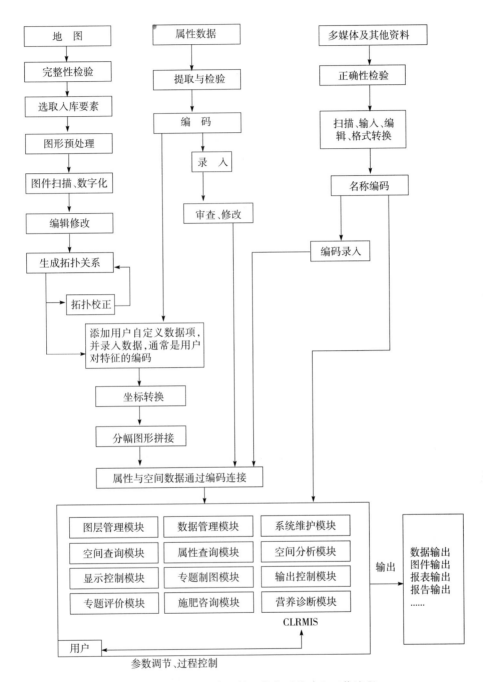

图 2-4　县域耕地资源管理信息系统建立工作流程

（二）CLRMIS、硬件配置

1. 硬件　P3/P4 及其兼容机，≥128M 的内存，≥20 的硬盘，≥32M 的显存，A4 扫描仪，彩色喷墨打印机。

2. 软件　Windows 98/2000/XP，Excel 97/2000/XP 等。

二、资料收集与整理

（一）图件资料收集与整理

图件资料指印刷的各类地图、专题图以及商品数字化矢量和栅格图。图件比例尺为 1:50 000 和 1:10 000。

（1）地形图：统一采用中国人民解放军总参谋部测绘局测绘的地形图。由于近年来公路、水系、地形地貌等变化较大，因此采用水利、公路、规划、国土等部门的有关最新图件资料对地形图进行修正。

（2）行政区划图：由于近年撤乡并镇等工作致使部分地区行政区划变化较大，因此按最新行政区划进行修正，同时注意名称、拼音、编码等的一致。

（3）土壤图及土壤养分图：采用第二次土壤普查成果图。

（4）基本农田保护区现状图：采用国土局最新划定的基本农田保护区图。

（5）地貌类型分区图：根据地貌类型将辖区内农田分区，采用第二次土壤普查分类系统绘制成图。

（6）土地利用现状图：现有的土地利用现状图。

（7）主要污染源点位图：调查本地可能对水体、大气、土壤形成污染的矿区、工厂等，并确定污染类型及污染强度，在地形图上准确标明位置及编号。

（8）土壤肥力监测点点位图：在地形图上标明准确位置及编号。

（9）土壤普查土壤采样点点位图：在地形图上标明准确位置及编号。

（二）数据资料收集与整理

（1）基本农田保护区一级、二级地块登记表，国土局基本农田划定资料。

（2）其他有关基本农田保护区划定统计资料，国土局基本农田划定资料。

（3）近几年粮食单产、总产、种植面积统计资料（以村为单位）。

（4）其他农村及农业生产基本情况资料。

（5）历年土壤肥力监测点田间记载及化验结果资料。

（6）历年肥情点资料。

（7）县、乡、村名编码表。

（8）近几年土壤、植株化验资料（土壤普查、肥力普查等）。

（9）近几年主要粮食作物、主要品种产量构成资料。

（10）各乡历年化肥销售、使用情况。

（11）土壤志、土种志。

（12）特色农产品分布、数量资料。

（13）主要污染源调查情况统计表（地点、污染类型、方式、强度等）。

（14）当地农作物品种及特性资料，包括各个品种的全生育期、大田生产潜力、最佳播期、移栽期、播种量、栽插密度、百千克籽粒需氮量、需磷量、需钾量等，及品种特性介绍。

（15）一元、二元、三元肥料肥效试验资料，计算不同地区、不同土壤、不同作物品种的肥料效应函数。

(16) 不同土壤、不同作物基础地力产量占常规产量比例资料。

(三) 文本资料收集与整理

(1) 大宁县及各乡（镇）基本情况描述。

(2) 各土种性状描述，包括其发生、发育、分布、生产性能、障碍因素等。

(四) 多媒体资料收集与整理

(1) 土壤典型剖面照片。

(2) 土壤肥力监测点景观照片。

(3) 当地典型景观照片。

(4) 特色农产品介绍（文字、图片）。

(5) 地方介绍资料（图片、录像、文字、音乐）。

三、属性数据库建立

(一) 属性数据内容

主要属性资料见表 2-6。

表 2-6 CLRMIS 主要属性资料及其来源

编 号	名 称	来 源
1	湖泊、面状河流属性表	水利局
2	堤坝、渠道、线状河流属性数据	水利局
3	交通道路属性数据	交通局
4	行政界线属性数据	农业委员会
5	耕地及蔬菜地灌溉水、回水分析结果数据	农业委员会
6	土地利用现状属性数据	国土局、卫星图片解译
7	土壤、植株样品分析化验结果数据表	本次调查资料
8	土壤名称编码表	土壤普查资料
9	土种属性数据表	土壤普查资料
10	基本农田保护块属性数据表	国土局
11	基本农田保护区基本情况数据表	国土局
12	地貌、气候属性表	土壤普查资料
13	县乡村名编码表	统计局

(二) 属性数据分类与编码

数据的分类编码是对数据资料进行有效管理的重要依据。编码的主要目的是节省计算机内存空间，便于用户理解使用。地理属性进入数据库之前进行编码是必要的，只有进行了正确的编码，空间数据库与属性数据库才能实现正确连接。编码格式有英文字母与数学组合。本系统主要采用数字表示的层次型分类编码体系，它能反映专题要素分类体系的基本特征。

(三) 建立编码字典

数据字典是数据库应用设计的重要内容，是描述数据库中各类数据及其组合的数据集合，也称元数据。地理数据库的数据字典主要用于描述属性数据，它本身是一个特殊用途的文件，在数据库整个生命周期里都起着重要的作用。它避免重复数据项的出现，并提供了查询数据的唯一入口。

（四）数据库结构设计

属性数据库的建立与录入可独立于空间数据库和 GIS 系统，可以在 Access、dBase、Foxbase 和 Foxpro 下建立，最终统一以 dBase 的 dbf 格式保存入库。下面以 dBase 的 dbf 数据库为例进行描述。

1. 湖泊、面状河流属性数据库 lake.dbf

字段名	属　性	数据类型	宽　度	小数位	量　纲
lacode	水系代码	N	4	0	代　码
laname	水系名称	C	20		
lacontent	湖泊储水量	N	8	0	万立方米
laflux	河流流量	N	6		立方米/秒

2. 堤坝、渠道、线状河流属性数据 stream.dbf

字段名	属　性	数据类型	宽　度	小数位	量　纲
ricode	水系代码	N	4	0	代　码
riname	水系名称	C	20		
riflux	河流、渠道流量	N	6		立方米/秒

3. 交通道路属性数据库 traffic.dbf

字段名	属　性	数据类型	宽　度	小数位	量　纲
rocode	道路编码	N	4	0	代　码
roname	道路名称	C	20		
rograde	道路等级	C	1		
rotype	道路类型	C	1		（黑色/水泥/石子/土）

4. 行政界线（省、市、县、乡、村）属性数据库 boundary.dbf

字段名	属　性	数据类型	宽　度	小数位	量　纲
adcode	界线编码	N	1	0	代　码
adname	界线名称	C	4		

adcode	name
1	国　界
2	省　界
3	市　界
4	县　界
5	乡　界
6	村　界

5. 土地利用现状* 属性数据库 landuse.dbf

字段名	属　性	数据类型	宽　度	小数位	量　纲
lucode	利用方式编码	N	2	0	代　码

| luname | 利用方式名称 | C | 10 | | |

＊土地利用现状分类表。

6. 土种属性数据表 soil. dbf

字段名	属　性	数据类型	宽　度	小数位	量　纲
sgcode	土种代码	N	4	0	代　码
stname	土类名称	C	10		
ssname	亚类名称	C	20		
skname	土属名称	C	20		
sgname	土种名称	C	20		
pamaterial	成土母质	C	50		
profile	剖面构型	C	50		
土种典型剖面有关属性数据：					
text	剖面照片文件名	C	40		
picture	图片文件名	C	50		
html	HTML 文件名	C	50		
video	录像文件名	C	40		

＊土壤系统分类表。

7. 土壤养分（pH、有机质、氮等）属性数据库 nutr＊＊＊＊. dbf

本部分由一系列的数据库组成，视实际情况不同有所差异，如在盐碱土地区还包括盐分含量及离子组成等。

（1）pH 库 nutrpH. dbf：

字段名	属　性	数据类型	宽　度	小数位	量　纲
code	分级编码	N	4	0	代　码
number	pH	N	4	1	

（2）有机质库 nutrom. dbf：

字段名	属　性	数据类型	宽　度	小数位	量　纲
code	分级编码	N	4	0	代　码
number	有机质含量	N	5	2	百分含量

（3）全氮量库 nutrN. dbf：

字段名	属　性	数据类型	宽　度	小数位	量　纲
code	分级编码	N	4	0	代　码
number	全氮含量	N	5	3	百分含量

（4）速效养分库 nutrP. dbf：

字段名	属　性	数据类型	宽　度	小数位	量　纲
code	分级编码	N	4	0	代　码
number	速效养分含量	N	5	3	毫克/千克

8. 基本农田保护块属性数据库 farmland. dbf

字段名	属　性	数据类型	宽　度	小数位	量　纲

plcode	保护块编码	N	7	0	代　码
plarea	保护块面积	N	4	0	亩
cuarea	其中耕地面积	N	6		
eastto	东　至	C	20		
westto	西　至	C	20		
sorthto	南　至	C	20		
northto	北　至	C	20		
plperson	保护责任人	C	6		
plgrad	保护级别	N	1		

9. 地貌、气候属性表 landform. dbf

字段名	属　性	数据类型	宽　度	小数位	量　纲
landcode	地貌类型编码	N	2	0	代　码
landname	地貌类型名称	C	10		
rain	降水量	C	6		

＊地貌类型编码表。

10. 基本农田保护区基本情况数据表（略）

11. 县、乡、村名编码表

字段名	属　性	数据类型	宽　度	小数位	量　纲
vicodec	单位编码—县内	N	5	0	代　码
vicoden	单位编码—统一	N	11		
viname	单位名称	C	20		
vinamee	名称拼音	C	30		

（五）数据录入与审核

数据录入前仔细审核，数值型资料注意量纲、上下限，地名应注意汉字多音字、繁简体、简全称等问题，审核定稿后再录入。录入后仔细检查，保证数据录入无误后，将数据库转为规定的格式（dBase 的 dbf 文件格式文件），再根据数据字典中的文件名编码命名后保存在规定的子目录下。

文字资料以 TXT 格式命名保存，声音、音乐以 WAV 或 MID 文件保存，超文本以 HTML 格式保存，图片以 BMP 或 JPG 格式保存，视频以 AVI 或 MPG 格式保存，动画以 GIF 格式保存。这些文件分别保存在相应子目录下，其相对路径和文件名录入相应的属性数据库中。

四、空间数据库建立

（一）数据采集的工艺流程

在耕地资源数据库建设中，数据采集的精度直接关系到现状数据库本身的精度和今后的应用，数据采集的工艺流程是关系到耕地资源信息管理系统数据库质量的重要基础工作。因此，对数据的采集制定了一个详尽的工艺流程。首先对收集的资料进行分类检查、整理与预处理；其次，按照图件资料介质的类型进行扫描，并对扫描图件进行扫描校正；再次，进行数据的分层矢量化采集、矢量化数据的检查；最后，对矢量化数据进行坐标投影转换与数据拼接工作以及数据、图形的综合检查和数据的分层与格式转换。

具体数据采集的工艺流程见图 2-5。

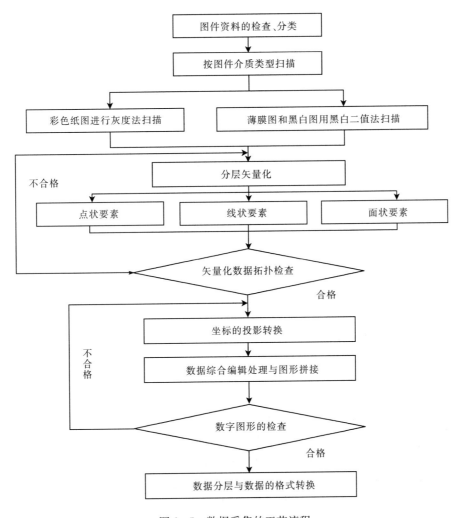

图 2-5　数据采集的工艺流程

（二）图件数字化

1. 图件的扫描　由于所收集的图件资料为纸介质的图件资料，所以采用灰度法进行扫描。扫描的精度为 300dpi。扫描完成后将文件保存为 * . TIF 格式。在扫描过程中，为了能够保证扫描图件的清晰度和精度，对图件先进行预见扫描。在预见扫描过程中，检查扫描图件的清晰度，其清晰度必须能够区分图内的各要素，然后利用 Lontex Fss8300 扫描仪自带的 CAD image/scan 扫描软件进行角度校正，角度校正后必须保证图幅下方两个内图廓点的连线与水平线的角度误差小于 0.2°。

2. 数据采集与分层矢量化　对图形的数字化采用交互式矢量化方法，确保图形矢量化的精度。在耕地资源信息系统数据库建设中需要采集的要素有：点状要素、线状要素和面状要素。由于所采集的数据种类较多，所以必须对所采集的数据按不同类型进行分层采集。

（1）点状要素的采集：可以分为两种类型，一种是零星地类，另一种是注记点。零星地类包括一些有点位的点状零星地类和无点位的零星地类。对于有点位的零星地类，在数据的分层矢量化采集时，将点标记置于点状要素的几何中心点，对于无点位的零星地类在分层矢量化采集时，将点标记置于原始图件的定位点。农化点位、污染源点位等注记点的采集按照原始图件资料中的注记点，在矢量化过程中一一标注相应的位置。

（2）线状要素的采集：在耕地资源图件资料上的线状要素主要有水系、道路、带有宽度的线状地物界、地类界、行政界线、权属界线、土种界、等高线等，对于不同类型的线状要素，进行分层采集。线状地物主要是指道路、水系、沟渠等，线状地物数据采集时考虑到有些线状地物，由于其宽度较宽，如一些较大的河流、沟渠，它们在地图上可以按照图件资料的宽度比例表示为一定的宽度，则按其实际宽度的比例在图上表示；有些线状地物，如一些道路和水系，由于其宽度不能在图上表示，在采集其数据时，则按栅格图上的线状地物的中轴线来确定其在图上的实际位置。对地类界、行政界、土种界和等高线数据的采集，保证其封闭性和连续性。线状要素按照其种类不同分层采集、分层保存，以备数据分析时进行利用。

（3）面状要素的采集：面状要素要在线状要素采集后，通过建立拓扑关系形成区后进行，由于面状要素是由行政界线、权属界线、地类界线和一些带有宽度的线状地物界等结状要素所形成的一系列的闭合性区域，其主要包括行政区、权属区、土壤类型区等图斑。所以，对于不同的面状要素，因采用不同的图层对其进行数据的采集。考虑到实际情况，将面状要素分为行政区层、地类层、土壤层等图斑层。将分层采集的数据分层保存。

（三）矢量化数据的拓扑检查

由于在矢量化过程中不可避免地要存在一些问题，因此，在完成图形数据的分层矢量化以后，要进行下一步工作时，必须对分层矢量化以后的数据进行矢量化数据的拓扑检查。在对矢量化数据的拓扑检查中主要是完成以下几方面的工作：

1. 消除在矢量化过程中存在的一些悬挂线段 在线状要素的采集过程中，为了保证线段完全闭合，某些线段可能出现相互交叉的情况，这些均属于悬挂线段。在进行悬挂线段的检查时，首先使用 MapGIS 的线文件拓扑检查功能，自动对其检查和清除，如果其不能自动清除的，则对照原始图件资料进行手工修正。对线状要素进行矢量化数据检查完成以后，随即由作图员对所矢量化的数据与原始图件资料相对比进行检查，如果在对检查过程中发现有一些通过拓扑检查所不能解决的问题，矢量化数据的精度不符合精度要求的，或者是某些线状要素存在一定的位移而难以校正的，则对其中的线状要素进行重新矢量化。

2. 检查图斑和行政区等面状要素的闭合性 图斑和行政区是反映一个地区耕地资源状况的重要属性，在对图件资料中的面状要素进行数据的分层矢量化采集中，由于图件资料中所涉及的图斑较多，在数据的矢量化采集过程中，有可能存在着一些图斑或行政界的不闭合情况，可以利用 MapGIS 的区文件拓扑检查功能，对在面状要素分层矢量化采集过程中所保存的一系列区文件进行适量化数据的拓扑检查。在拓扑检查过程中可以消除大多数区文件的不闭合情况。对于不能自动消除的，通过与原始图件资料的相互检查，消除其不闭合情况。如果通过对矢量化以后的区文件的拓扑检查，可以消除在矢量化过程中所出现的上述问题，则进行下一步工作，如果在拓扑检查以后还存在一些问题，则对其进行重新矢量化，以确保系统建设的精度。

（四）坐标的投影转换与图件拼接

1. 坐标转换　在进行图件的分层矢量化采集过程中，所建立的图面坐标系（单位为毫米），而在实际应用中，则要求建立平面直角坐标系（单位为米）。因此，必须利用 MapGIS 所提供的坐标转换功能，将图面坐标转换成为正投影的大地直角坐标系。在坐标转换过程中，为了能够保证数据的精度，可根据提供数据源的图件精度的不同，在坐标转换过程中，采用不同的质量控制方法进行坐标转换工作。

2. 投影转换　县级土地利用现状数据库的数据投影方式采用高斯投影，也就是将进行坐标转换以后的图形资料，按照大地坐标系的经纬度坐标进行转换，以便以后进行图件拼接。在进行投影转换时，对 1∶10 000 土地利用图件资料，投影的分带宽度为 3°。但是根据地形的复杂程度，行政区的跨度和图幅的具体情况，对于部分图形采用非标准的 3°分带高斯投影。

3. 图件拼接　大宁县提供的 1∶10 000 土地利用现状图是采用标准分幅图，在系统建设过程中应图幅进行拼接。在图斑拼接检查过程中，相邻图幅间的同名要素误差应小于 1毫米，这时移动其任何一个要素进行拼接，同名要素间距为 1～3 毫米的处理方法是将两个要素各自移动一半，在中间部分结合，这样图幅拼接完全满足了精度要求。

五、空间数据库与属性数据库的连接

MapGIS 系统采用不同的数据模型分别对属性数据和空间数据进行存储管理，属性数据采用关系模型，空间数据采用网状模型。两种数据的连接非常重要。在一个图幅工作单元 Coverage 中，每个图形单元由一个标识码来唯一确定。同时一个 Coverage 中可以若干个关系数据库文件即要素属性表，用以完成对 Coverage 的地理要素的属性描述。图形单元标识码是要素属性表中的一个关键字段，空间数据与属性数据以此字段形成关联，完成对地图的模拟。这种关联是 MapGIS 的两种模型连成一体，可以方便地从空间数据检索属性数据或者从属性数据检索空间数据。

对属性与空间数据的连接采用的方法是：在图件矢量化过程中，标记多边形标识点，建立多边形编码表，并运用 MapGIS 将用 Foxpro 建立的属性数据库自动连接到图形单元中，这种方法可由多人同时进行工作，速度较快。

第三章 耕地土壤属性

第一节 耕地土壤类型

一、土壤分类

根据山西省第二次土壤普查土壤工作分类系统，1982 年将大宁县土壤分 1 个土类，5 个亚类，19 个土属，35 个土种。在此基础上，参照全省汇总时修订的土壤分类系统，本次评价时对原分类系统进行了修正，最后确定为 4 个土类、7 个亚类、10 个土属、13 个土种，其中耕作土壤为 6 个土种。新旧土壤分类系统对照见表 3-1。

表 3-1 大宁县土种名称与母质类型和土体构型对照

省级土种名称	代号	母质类型	土体构型	省级土种名称	代号	母质类型	土体构型
深耕垆黄垆土	026	黄土质	A—B—C$_t$	沙石砾土	230		
浅耕垆黄垆土	027	黄土质	A—B$_t$—C	薄沙渣土	237		
薄沙泥质淋土	055			沙渣土	238		
沙泥质淋土	056			耕大瓣红土	214	红土质	A—B—C
薄黄淋土	061			耕洪潮土	269	洪冲击物	A—Bg—C$_g$
黄淋土	062			底砾洪潮土	272	洪冲击物	A—B—C$_g$
红黄淋土	064						
薄立黄土	083						
立黄土	085						
耕立黄土	089	黄土质	A—B—C				
耕少砾立黄土	093	黄土质	A—B—C				
红立黄土	102						
耕红立黄土	103	红黄土质	A—B—C				
耕洪立黄土	112	洪积物	A—B—C				
沟淤土	124	淤积物	A—B—C				

二、土壤类型特征及主要生产性能

为便于查阅历史资料，现按原土壤分类系统，将各类土壤的形态特征及主要生产性能分述如下。

褐土主要发育在黄土及其洪积、冲积、坡积物上。黄土是第四纪陆相的特殊沉积物，土层深厚，质地均匀，疏松多孔，富有碳酸盐，土壤反应略偏碱性，没有特殊的有害物质的特点。它与其他母岩不同，并不需要进一步风化，就可以生长植物而发生成土作用，是一个品质优良的成土母质。

褐土发育层次明显，除淋溶褐土和山地褐土有腐殖质层，耕作土壤有较紧的犁底层外，全剖面土体颜色和结构呈现出成层现象。这是由于深厚而均匀的黄土，地处温暖半干旱的季风气候带，夏季短，温暖而多雨，冬季长，寒冷而干燥的情况下，土体中出现灰棕—褐色，由不同厚度的黏化层和钙积层所致。黏化过程较强，构成褐土土体发育层次明显的基本特征。

由于褐土所处的地形地貌不同，出现的腐殖质化过程（淋溶、山地褐土表层含量略高外，其余各层差异不大），黏化过程（较平坦的垣地明显，沟坡土壤黏粒下移较微弱），钙化过程（土体中有假菌丝体和料姜类碳酸钙的沉积物）都很明显。

褐土在低山丘陵地带的发育是和其成土过程受土壤侵蚀的影响分不开的，而土壤侵蚀主要是受人为影响的结果。

据了解，大宁县过去曾是乔灌植被密集丛生土壤自然发育中有机质形成极为有利，成土过程也较活跃，现在黄土中埋藏的黑垆土层便可证明。可是后来人为垦殖越来越强烈，自然植被破坏程度几起几落。尤其在抗日战争时期，大量的自然植被惨遭破坏，垦殖指数越来越高，土壤侵蚀急剧发展，光山秃岭，沟壑纵横的地貌景观随之形成。强烈的侵蚀迫使土壤一次又一次地重新开始成土过程，发育—侵蚀—再发育交替进行循环往复，周而复始，使土壤发育经常处于幼年阶段，沟坡和梁峁褐土性土便是例证。

根据褐土的生物气候，地形部位，人为利用的不同和土类之间过渡类型而产生土壤发育的不同阶段，可划分为山地淋溶褐土、山地褐土、碳酸盐褐土性褐土、碳酸盐褐土、草甸褐土5个亚类。

（一）山地淋溶褐土

山地淋溶褐土主要分布于大宁县南部石头山、二郎山土石山区，海拔为1 350～1 720米。其气候特点是，温凉湿润，年平均温7.4℃，年降水量600毫米，该处树木茂密，草灌丛生，植被良好，覆盖度较高，为70%，地表覆盖着较厚枯枝落叶层。使土体经常保持湿润，淋溶作用较强，土壤盐基被淋洗，形成明显的淋溶层，呈中性或微酸性反应，基下部底土仍保存有石灰反应，形成区域性土壤山地淋溶褐土。根据其成土母质类型，可划分为砂页岩质和黄土质山地淋溶褐土2个土属。根据土层薄厚程度分为薄层砂页岩质山地淋溶褐土，厚层黄土质山地淋溶褐土2个土种。该亚类土壤面积为17 841.45亩，占全县总土地面积1.23%。

现将典型剖面描述如下：

剖面采自三多乡（原南堡公社）二郎沟、石头山顶正北，海拔为1 680米，剖面号219，土壤母质为黄土。该处树木茂密，草灌丛生，多为栎、椴、桦、松等阔针混交林，植被良好，覆盖率90%，剖面形态特征见表3-2。

表 3-2　山地淋溶褐土剖面形态特征

土种名称	剖面号	深度（厘米）	颜色	质地	结构	松紧度	孔隙	新生体	植物根	石灰反应	侵入体
厚层黄土质山地淋溶褐土	219	0～3	Ao								
		3～10	灰褐	轻	屑粒	疏松	多		多	—	
		10～35	灰褐	中	碎块	稍紧	中		多	—	
		25～68	棕	中	块	紧实	中		多	—	
		68～111	浅灰棕	轻	块	稍紧	中	多量假菌丝	中	++	
		111～150	浅灰棕	轻	块	稍紧	中	多量假菌丝	少	++	

大宁县山地淋溶褐土形态特征归纳如下：

（1）表层有1～3厘米分解枯枝落叶层，其下为10厘米左右的腐殖质层，有机质为3%～5%。

（2）质地为轻—中壤，表层结构为屑粒状间有团粒，以下为碎块状或块状。

（3）颜色表层较深，多为灰褐色，下部较浅，为浅灰棕。

（4）土体中淋溶作用较不充分，表土和心土呈中性或微酸性反应，下部底土有碳酸钙淀积，成强烈石灰反应。

大宁县山地淋溶褐土农用极少，就其分布及性质而言，农用价值不大，今后应加强现有树木护理和幼树抚育工作，并适当的发展人工林向林木基地发展。

（二）山地褐土

山地褐土分别在本县南、北部土石山区，面积为302 787.85亩，占全县总土地面积20.87%。由于土壤母质、生物、气候等自然因素不同，在南、北部山区产生了差异。在北部的双座山、狗头山一带，海拔为1 200～1 485米，由于土壤母质多为砂页岩质风化残积物，气候干燥少雨，自然植被稀疏，多为耐旱草灌群落，覆盖率为50%左右。所以，形成砂页岩质山地褐土，多为荒山秃岭，今后宜大种牧草，发展畜牧基地。而在南部盘龙山、二郎山一带，海拔为1 200～1 450米，由于植被茂密，气候冷凉多雨，土壤母质多为黄土母质，形成黄土质山地褐土，因气候关系，宜于树木生长，今后应大造人工林，向林木基地发展。

根据母质类型及农业利用情况，又分为砂页岩质山地褐土、黄土质山地褐土、耕种黄土质山地褐土3个土属。

1. 砂页岩质山地褐土　主要分布在大宁县北部双座山、狗头山一带山区，包括安古、曲峨等乡（镇）的北部山区，海拔为1 200～1 450米。该处气候干燥少雨，土层深厚，自然植被稀疏，多为耐旱草灌群落，覆盖率在50%～60%，面积为88 134.6亩，占全县土地面积6.06%，只有薄层砂页质山地褐土1个土种。

现将典型剖面描述如下：

剖面采自昕水镇（原安古公社）摩天顶正东250米处，剖面号83，海拔为1 380米，植被为草灌群落，母质为砂页岩质残积物，是荒山草坡。剖面形态特征见表

3-3。

表3-3 砂页岩质山地褐土剖面形态特征

土种名称	剖面号	深度（厘米）	颜色	质地	结构	松紧度	孔隙	新生体	植物根	石灰反应	侵入体
薄层砂页岩质山地褐土	83	0~2 2~23 23以下	Ao 浅褐 砂页岩	轻	屑粒	疏松	多		多	++	小石块

2. 黄土质山地褐土 主要分布在大宁县南部盘龙山、二郎山、北部双座山土石山区，包括三多、曲峨、徐家垛、太古、昕水等乡（镇）（原南堡、三多、榆村、曲峨、徐家垛、太古、安古等公社）的山区。该处气候冷凉多雨，土层深厚，自然植被良好，覆盖率在70%左右。多为草灌群落，海拔为1 200~1 450米，面积168 807.85亩，占全县土地面积11.64%，只有1个土种厚层黄土质山地褐土。今后应营造人工林，种植牧草，发展林牧生产。

现将典型剖面描述如下：

剖面采自南堡国有林场阿林掌北西16~600米处，剖面号217，海拔为1 400米，母质为黄土，植物为草本群落，是荒山草坡。其剖面形态特征见表3-4。

表3-4 黄土质山地褐土剖面形态特征

土种名称	剖面号	深度（厘米）	颜色	质地	结构	松紧度	孔隙	新生体	植物根	石灰反应	侵入体
厚层黄土质山地褐土	217	0~2	Ao								
		2~15	灰棕	轻	屑粒	疏松	多		多	+++	
		15~30	灰代棕	轻	块	稍紧	多		多	+++	
		30~67	浅灰棕	轻	块	紧实	中	少量菌丝	中	+++	
		67~114	浅灰棕	轻	块	紧实	中	多量菌丝	少	+++	
		111~150	浅棕	中	块	紧实	少	少量菌丝	少	+++	

3. 耕种黄土质山地褐土 主要分布大宁县各山区的缓坡和坡顶地带，均为农田。但因水土流失严重，地力较低，有机质一般为0.6%~0.8%，土壤熟化程度也不高。所以，经济收益极微。面积为45 845.4亩。占全县土地面积3.16%，只衍生耕种厚层黄土质山地褐土1个土种。今后应在基本农田建设上加大力度，提高单产，保证人民生活，其绝大部分要退耕还林还牧，发展林牧业生产。

现将典型剖面描述如下：

剖面采自三多乡南堡村（原南堡公社）东门口北东75~300米，剖面号224，海拔为1 300米。母质为黄土，为农耕坡地。其剖面形态特征见表3-5。

表 3-5 耕作黄土质山地褐土剖面形态特征

土种名称	剖面号	深度（厘米）	颜色	质地	结构	松紧度	孔隙	新生体	植物根	石灰反应	侵入体
耕种厚层黄土质山地褐土	224	0～21	灰褐	轻	屑粒	疏松	多		多	+++	
		21～46	灰棕	轻	块	稍紧	多	少量菌丝	多	+++	
		46～77	灰棕	中	块	稍紧	中	多量	中	+++	
		77～103	灰棕	中	块	紧实	少	多量	中	+++	
		103～150	灰褐	中	块	紧实	少	多量	少	+++	

山地褐土形态特征归纳如下：

（1）砂页岩质山地褐土，土层较薄，质地轻壤粗糙。表层有极少量草灌枯枝落叶层，其下为灰褐色腐殖层，有机质为 3.12% 左右，紧接为砂页岩基岩。多分布北部山区。

（2）黄土质山地褐土，土层深厚，表层也有较薄枯枝落叶层，其下为灰代棕色腐殖质层，有机质在 1.08% 左右。

（3）心土层有碳酸钙淀积，有较多假菌丝体，通体石灰反应强烈。

山地褐土除基本农田外，其余，北部以种草护坡，营造草灌丛林，发展畜牧生产，南部以植树造林为主，营造人工木材林，如油松、侧柏，并发展经济林木，栽植山楂，增加收入，发展山区经济。

（三）碳酸盐褐土性土

主要分布在大宁县海拔为 500～1 200 米的黄土丘陵和河谷地区，是全县最大的土壤亚类。普及大宁县各个乡（镇），面积为 1 012 875.3 亩，占总土地面积 69.82%。该土一般发育在深厚的黄土及黄土状母质上，气候温和少雨，自然植被稀少，多为旱生草木群落。在黄土丘陵地区，由于黄土本身特点，易受地面水的侵蚀和切割，形成沟壑纵横，水土流失严重，土壤肥力不高，土壤熟化缓慢。在河谷地区，母质多为近代河流洪积的黄土状物质，由于地势平坦，气候温和，人为生产活动殷盛，故土壤发育较好。土壤熟化程度较高，地力较高，加之借河水提水灌溉，为大宁县粮、棉主要产区。

根据土壤母质，地理环境，成土作用，农业利用等地方性因子的不同，划分为 9 个土属，即黄土质碳酸盐褐土、耕种黄土质碳酸盐褐土性土，沟淤黄土碳酸盐褐土性土、河谷黄土碳酸盐褐土性土，河谷洪积黄土碳酸盐褐土性土、河谷坡积黄土质碳酸盐褐土性土，河谷坡积红黄土质碳酸盐褐土性土、耕种坡积红黄土质碳酸盐褐土性土，埋藏红黏土层黄土质碳酸盐褐土性土。

1. 黄土质酸盐褐土性土 分布在大宁县各乡（镇）残垣荒坡上，面积为 685 571.3 亩，占全县总土地面积 47.25%。该土发育在第四纪黄土母质上，由于侵蚀频繁，成土作用较弱，土体发育层次不明显，特征像母质，但土壤疏松多孔，质地多为轻壤。由于所处部位较高，地势起伏，地表径流较大，水蚀严重，形成深度不等的切沟，使垣面支离破碎，梁峁起伏不平。加之地下水极缺，土体干燥，地面植被极差，多为旱生草本群落，以致土壤肥力较低。本土属只有轻壤重侵蚀黄土质碳酸盐褐土性土、轻壤中蚀浅位少砂姜黄土质碳酸盐褐土性土 2 个土种。现举例如下：

典型剖面采自曲峨镇（原榆村公社）嶂头村南东 151～600 米处，海拔为 980 米，剖面号 108，为草坡。其剖面形态特征见表 3-6。

表 3-6 黄土质碳酸盐褐土性土剖面形态特征

土种名称	剖面号	深度（厘米）	颜 色	质 地	结 构	松紧度	孔 隙	新生体	植物根	石灰反应	侵入体
轻壤重蚀黄土质碳酸盐褐土性土	108	0～26	浅灰棕	轻	碎 块	疏 松	多		多	＋＋＋	
		26～56	浅灰棕	轻	块	稍 紧	多		多	＋＋＋	
		59～100	浅灰棕	轻	块	紧 实	中		中	＋＋＋	
		100～150	灰 棕	轻	块	紧 实	少		少	＋＋＋	

黄土质碳酸盐褐土性土，多为坡地，应严禁开荒，固土防蚀，增加地面植被，种植牧草，防止水土流失，也可发展畜牧业，以牧促农。

2. 耕种黄土质碳酸盐褐土性土 分布在各乡（镇）残垣及缓坡上，面积为 293 448.5 亩，占大宁县面积 20.23％。由于地势倾斜，侵蚀较严重，土壤肥力不高。加以耕作粗放，广种薄收，作物产量收益不高。在昕水河两岸台地和沟衔接处，由于过去在黑垆土上覆盖着一层较厚的黄土，经过多年的人为生产活动和侵蚀等作用，使黑垆土层接近地面，形成埋藏型黑垆土，但面积极微，对农业生产影响不大。本土属可分轻壤中蚀耕种黄土质碳酸盐褐土性土、轻壤中轻蚀浅位黑垆土层黄土质碳酸盐褐土性土、轻壤轻蚀深位黑垆土层黄土质碳酸盐褐土性土，3 个土种，现举例如下：

典型剖面采自三多乡东庄坪正南 1 000 米处，海拔为 1 000 米，剖面号 165，母质黄土，为农耕地。其剖面形态特征见表 3-7。

表 3-7 耕种黄土质碳酸盐褐土性土剖面形态特征

土种名称	剖面号	深度（厘米）	颜 色	质 地	结 构	松紧度	孔 隙	新生体	植物根	石灰反应	侵入体
轻壤中蚀耕种黄土质碳酸盐褐土性土	165	0～18	浅灰棕	轻	碎 块	疏 松	多		多	＋＋＋	
		18～57	浅灰棕	轻	块	稍 紧	多		中	＋＋＋	
		57～100	浅灰棕	轻	块	紧 实	中		少	＋＋＋	
		100～150	浅灰棕	轻	块	紧 实	少			＋＋＋	

由于水土流失严重，耕作粗放，地力不高，应进行粮草或粮豆轮作，种植绿肥，用养结合，提高地力。

3. 沟淤黄土质碳酸盐褐土性土 该土零星分布在曲峨镇、徐家垛乡、太古乡（原榆村、割麦、徐家垛、太古公社）沟谷底部，即沟坪地，系洪水冲刷的黄土淤积而成。因此，质地轻偏中，地方中等，加之保蓄水分性能强，产量也就是偏高，是该地区旱涝保收田。面积 5 033.55 亩，占全县土地面积 0.35％，本土属只有轻壤轻蚀沟淤黄土质碳酸盐褐土性土 1 个土种。现举例如下：

典型剖面采自徐家垛乡（原割麦公社）下湾南西 30～100 米处，海拔为 750 米，剖面号 376，为农耕地。其剖面形态特征见表 3-8。

表 3-8　沟淤黄土质碳酸盐褐土性土剖面形态特征

土种名称	剖面号	深度（厘米）	颜色	质地	结构	松紧度	孔隙	新生体	植物根	石灰反应	侵入体
轻壤轻蚀沟淤黄土质碳酸盐褐土性土	376	0～25	棕代灰	轻	碎块	疏松	多		多	＋＋＋	
		25～45	灰棕	轻壤	碎块	稍紧	多		多	＋＋＋	小石块
		45～74	浅灰棕	轻	块	紧实	中		中	＋＋＋	小石块
		74～110	浅灰棕	轻	块	紧实	少		少	＋＋＋	小石块
		110～150	浅灰棕	轻	块	紧实	少			＋＋＋	

　　由于淤积而成，因此土性冷凉，今后应多耕多耙，增施热性有机肥料，培肥地力，并加强对坝堰加固工作防止洪水危害，进一步提高其经济收益。

　　4. 河谷黄土碳盐褐土性土　　主要分布于大宁县昕水河、义亭河沿岸河谷台地上。母质为古老洪积堆积的次生黄土，质地为轻壤，剖面层次过渡不明显。由于耕作管理细致，水利条件优越，以土壤疏松多孔，通透性良好，保水保肥性强，地力肥沃。面积为15 202.95亩，占全县土地面积的1.05%。本土层根据含砂姜和卵石出现部位与含量不同，分为轻壤轻侵蚀河谷黄土碳酸盐褐土性土、轻壤中侵蚀浅位卵石层河谷黄土碳酸盐褐土性土2个土种。现举例如下：

　　典型剖面采自昕水镇（原城关公社）罗曲村正南150米处，海拔为750米，剖面号4，地势平坦，为水浇田。其剖面形态特征见表3-9。

表 3-9　河谷黄土碳酸盐褐土性土剖面形态特征

土种名称	剖面号	深度（厘米）	颜色	质地	结构	松紧度	孔隙	新生体	植物根	石灰反应	侵入体
轻壤轻蚀河谷黄土碳酸盐褐土性土	4	0～20	灰棕	轻	碎块	疏松	多		多	＋＋＋	
		20～60	灰棕	轻	块	稍紧	多		多	＋＋＋	虫粪
		60～92	浅灰棕	轻	块	紧实	中		少	＋＋＋	蜗牛虫粪
		92～120	浅灰棕	轻	块	紧实	少		少	＋＋＋	
		120～150	浅灰棕	轻	块	紧实	少			＋＋＋	

　　5. 河谷洪积黄土碳酸盐褐土性土　　主要分布在大宁县昕水河谷台地上，母质为洪积黄土，性状与河谷黄土状碳酸盐褐土性土相类似，是大宁县较好的一种农业土壤，面积为2 296.5亩，占全县土地面积0.16%。本土属根据表层质地及卵石部位，分为轻壤轻蚀沙壤质河谷洪积黄土碳酸盐褐土性土、轻壤轻蚀壤质河谷洪积黄土碳酸盐褐土性土及轻壤轻蚀深位卵石层河谷洪积黄土碳酸盐褐土性土，3个土种。现举例说明：

　　典型剖面采自曲峨镇东南15～200米处，海拔为645米，剖面号310，为水浇地。现将剖面形态特征见表3-10。

表 3-10　河谷洪积黄土褐土性土剖面形态特征

土种名称	剖面号	深度（厘米）	颜色	质地	结构	松紧度	孔隙	新生体	植物根	石灰反应	侵入体
轻壤轻蚀壤质河谷洪积黄土碳酸盐褐土性土	310	0～21	浅灰棕	轻	碎块	疏松	多		多	＋＋＋	
		21～36	灰棕	轻	块	紧实	多		多	＋＋＋	
		36～80	灰棕	轻	块	紧实	中		中	＋＋＋	
		80～119	灰棕	轻	块	紧实	少		少	＋＋＋	
		119～150	灰棕	轻	块	紧实	少			＋＋＋	

河谷黄土碳酸盐褐土性土和河谷洪积黄土褐土性土，都分布在河谷台地上，该处地势平坦，侵蚀轻微，土壤肥力不高，又能借河水灌溉，是大宁县粮、棉主要产地。今后应增施有机肥料，种植绿肥，合理轮作，改善和提高灌溉质量，进一步发挥其经济效益。

6. 河谷坡积黄土碳酸盐褐土性土　分布在大宁县昕水河河谷两侧台田坡地上，自于重力滑坡塌陷而成，母质为坡积物。质地较粗，无分选层次，夹杂有石碎石，多为川旱地，地势不平，地力不高，面积 5 452.65 亩，占大宁县土地面积 0.38%。本土属只有轻壤中蚀河谷坡积黄土碳酸褐土性土 1 个土种。举例说明：

典型剖面采自三多乡前楼底北偏西 55～500 米处，海拔为 680 米，剖面号 139，母质黄土坡积物，川旱地。其剖面形态特征见表 3-11。

表 3-11　河谷坡积黄土质碳酸盐褐土性土剖面形态特征

土种名称	剖面号	深度（厘米）	颜色	质地	结构	松紧度	孔隙	新生体	植物根	石灰反应	侵入体
轻壤中蚀河谷坡积黄土碳酸盐褐土性土	139	0～17	浅灰棕	轻	屑粒	疏松	多		多	＋＋＋	
		17～50	灰棕	轻	棱状	稍紧	中		中	＋＋＋	砂石
		50～92	灰棕	轻	块	稍紧	中		中	＋＋＋	小石砾
		92～120	灰棕	轻	块	稍紧	中		少	＋＋＋	少砂姜
		120～150	棕代灰	轻	块	紧实	少			＋＋＋	

该土多为川旱地，由于地势不平，水蚀严重，应进行平田整地，兴修水利设施，变旱地为水田。并增施有机肥料，种绿肥压青，进一步培养地力，逐渐变为旱涝保收田。

7. 河谷坡积红黄土质碳酸盐褐土性土　分布在黄河沿岸坡地上，由于水土流失严重，红黄土裸露，经重力滑坡和塌陷堆积而成。性状同坡积黄土质碳酸盐褐土性土，面积 5 513.02 亩，占全县土地面积 0.38%。农业利用价值不大，可植林种草，固土防蚀，发展林牧业。本土属有中壤重壤河谷坡积红黄土质碳酸盐褐土性土 1 个土种。现举例说明：

典型剖面采自徐家垛乡（原割麦公社）岭上村北偏西 65～150 米处，海拔为 650 米，剖面号 380，母质红黄土坡积物，为荒草坡。其剖面形态特征见表 3-12。

表3-12 河谷坡积红黄质碳酸盐褐土性土剖面形态特征

土种名称	剖面号	深度（厘米）	颜色	质地	结构	松紧度	孔隙	新生体	植物根	石灰反应	侵入体
中壤重蚀河谷坡积红黄土碳酸盐褐土性土	380	0～17	灰棕	轻	块	疏松	多		多	＋＋＋	
		17～43	棕代灰	中	块	稍紧	多		多	＋＋＋	有砂姜
		43～78	棕代灰	中	块	紧实	少		多	＋＋＋	有砂姜
		78～118	棕代灰	中	块	稍松	中		中	＋＋＋	有砂姜
		118～150	棕代灰	中	块	紧实	少		少	＋＋＋	有砂姜

8. 耕种坡积红黄土碳酸盐褐土性土 分布在徐家垛乡部分侵蚀较严重的黄土质坡地上，其母质为第四纪红黄土，而其上部覆盖着黄土。由于侵蚀堆积作用，形成坡积红黄土质碳酸盐褐土性土，经人为耕种熟化为农业土壤。

该土除表土较疏松外，其下通体较紧实，土体中含有数量不等的砂姜，发育极不明显，颜色较深为棕色。土壤肥力较低，耕作困难，由于常受侵蚀，作物产量低而不稳，面积356.80亩，占全县总面积的0.02%。本土属只有中壤重蚀浅位少砂姜耕种红黄土碳酸褐土性土1个土种。现举例说明：

典型剖面采自徐家垛乡南坡村南偏西35～200米处，海拔为810米，剖面号444。母质红黄土质坡积物，为沟底地。其剖面形态特征见表3-13。

表3-13 耕种坡积红黄土质碳酸盐褐土性土剖面形态特征

土种名称	剖面号	深度（厘米）	颜色	质地	结构	松紧度	孔隙	新生体	植物根	石灰反应	侵入体
中壤中蚀浅位少砂姜耕种红黄土质碳酸盐褐土性土	444	0～16	棕代红	重	碎块	稍紧	中		多	＋＋＋	中量砂姜
		16～41	棕代红	重	块	紧实	中		中	＋＋＋	中量砂姜
		41～80	红棕	重	棱块	坚实	少			＋＋＋	
		80～150	棕代红	重	块	坚实	少			＋＋＋	

9. 埋藏红黏土层土质黄土质碳酸褐土性土 分布于徐家垛乡和曲峨镇榆村一带（原榆村公社）侵蚀严重的切沟底部，其上为第四纪黄土覆盖，下为第三纪红黏土，发育形成埋藏型红黏土黄土质碳酸盐褐土性土。面积及微，对农业利用不大。该土颜色鲜艳，多为红棕色，质地黏重，多为重壤—黏土，结构紧实致密，土壤通透性差，孔隙少多为块状结构，土体中有较多的铁锰结核或胶膜，除表层有石灰反应处，全剖面均无石灰反应。本土属只有深位埋藏红黏土层黄土质碳酸盐褐土性土1个土种。现举例说明：

典型剖面采自徐家垛乡墓岭坡正西300米，海拔为900米，剖面号443，母质红黏土，为切沟底部，其剖面形态特征见表3-14。

表 3-14　埋藏红黏土层黄土质碳酸盐褐土性土剖面形态特征

土种名称	剖面号	深度（厘米）	颜色	质地	结构	松紧度	孔隙	新生体	植物根	石灰反应	侵入体
深位埋藏红黏土层黄土质碳酸土盐褐土性	443	0~17	灰棕	轻	碎块	稍紧	多		多	+++	
		17~50	灰棕	轻	块	紧实	中		中	+++	
		50~108	棕代灰	中	棱块	坚实	中	中量假菌丝体大量砂姜多量假菌体中量砂姜铁锰膜斑	少	+++	
		108~170	浅红棕	黏	棱块	坚实	少			+++	
		172~230	红棕	黏	棱块	坚实	少			---	

碳酸盐褐土性形态特征归纳有以下几点：

（1）多分布于高低悬殊的丘陵坡地，侵蚀严重，无发生层次。

（2）气热有余、水分不足，属于热性土。

（3）水土流失严重，地力不高。

（四）碳酸盐褐土

分布在大宁县比较广阔平坦的垣面上，是全县较古老的耕作土壤之一，也是全县主要粮食产区。由于受暖温带半干旱季风气候的影响，夏秋高温多雨，冬春寒冷干燥。高温高湿同时出现，黄土母质的黏粒和碳酸钙随季节性的淋溶，在心土层积聚。又由于蒸发量 3 倍于降水量，使土壤淋溶作用不能充分进行，在冬春降水少蒸发大的旱季，淋溶物质要通过毛管水上升作用，在一定深度土层内积累，经过漫长的岁月，逐渐形成黏化层和钙积层，行成了碳酸盐褐土。其分布规律是地形欠平坦，穿过土壤表层的水分不多，黏化出现部位浅，厚度薄，质地不细，弱黏化。黏化层的黏化程度也可为衡量土壤年龄的依据，其他条件相同，则成土时间越长，黏化层质地越细，厚度越厚，黏化层也越明显。

该土具有土层深厚，质地均匀，上松下紧的特点，土体构型多为绵盖铝蒙金型，有利于发水保肥和供水供，是一种农业上较为理想的土壤。

根据地理环境和母质差异，本亚类可分黄土质垣地碳酸盐褐土和河谷黄土状碳酸盐褐土两个土属。面积 74 424.6 亩，占总土地面积 5.12%。

1. 黄土质垣地碳酸盐褐土　主要分布在大宁县太德乡、三多乡（原南堡公社现南堡村）的垣面上，其他乡（镇）较平坦的残垣面上，也有零星分布。海拔为 800~1 200 米，面积 74 247.6 亩。根据黏化层出现部位和黏化程度，含砂姜多少及砂姜出现部分为 7 个土种，即浅位黏化黄土质垣地碳酸盐褐土、深位黏化黄土质垣地碳酸盐褐土、浅位弱黏化黄土质垣地碳酸褐土、深位弱黏化黄土质垣地碳酸盐褐土、浅位少砂姜弱黏黄土质垣地碳酸盐褐土、深位少砂姜弱黏化黄土质垣地碳酸盐褐土、浅位少砂姜黏化黄土质垣地碳酸盐褐土。现举例说明。

典型剖面采自太德乡美原村西北 50~900 米处，海拔为 975 米，剖面号 293，母质黄土、为垣平地。现将剖面形态特征见表 3-15。

表 3-15 黄土质垣地碳酸盐褐土剖面形态特征

土种名称	剖面号	深度（厘米）	颜色	质地	结构	松紧度	孔隙	新生体	植物根	石灰反应	侵入体
深位黏化黄土质垣地碳酸盐褐土	293	0～15	浅灰棕	轻	碎块	疏松	多		多	+++	
		15～28	浅灰棕	轻	块	稍紧	多		多	+++	
		28～62	灰棕	轻	块	紧实	中	少量假菌丝体	中	+++	
		62～100	浅褐	中	块	紧实	中	少量假菌丝体	中	+++	
		100～150	棕代灰	轻	块	紧实	少		少	+++	

2. 河谷黄土碳酸盐褐土 分布在大宁县昕水河沿岸河谷台地上，母质为次生黄土。土体中具有明显的黏化层，物理性能良好，属于蒙金型土壤，面积极微，只作文字叙述。本土属分为浅位黏化河谷黄土碳酸盐褐土，深位黏化河谷黄土碳酸盐褐土 2 个土种。现举例如下：

典型剖面采自昕水镇（原城关公社）古乡村北东 7～150 米处，海拔 790 米，剖面号 14，母质次生黄土、为水浇水地。其剖面形态特征见表 3-16。

表 3-16 河谷黄土碳酸盐褐土剖面形态特征

土种名称	剖面号	深度（厘米）	颜色	质地	结构	松紧度	孔隙	新生体	植物根	石灰反应	侵入体
浅位黏化河谷黄土碳酸盐褐土	14	0～19	浅灰棕	轻	碎块	疏松	多		多	+++	
		19～27	灰棕	轻	块	稍紧	多		中	+++	
		27～69	棕代灰	中	块	紧实	中	多量假菌丝体	少	+++	
		69～108	灰棕	轻	块	紧实	中		少	+++	
		108～150	灰棕	轻	块	紧实	少			+++	

碳酸盐褐土的形态特征归纳为以下几点：

（1）多分布在平坦垣面，发育时间长，有明显的黏化层。

（2）质地适中、水、气、热、协调属于温性土。

（3）保水保肥性状良好。

（五）草甸褐土

分布于大宁县南部土石山区的山间洼地和昕水河沿岸两侧台地低洼地处，面积 149.7 亩，占总面积 0.01%。

该土是在地带性碳酸盐褐土的基础上，由于水文地质条件的改变，地下水位上升，在季节性的变化中，使底土处在氧化、还原交替过程中，而产潴育现象，发育起来的一种过渡类型土壤。所以，该土剖面构型的特点是，上部进行着褐土的成土过程，在底土潴育层产生锈纹斑，处于褐土向草甸褐土过渡阶段，形成草甸褐土，因面积很小，农业利用价值不大。

本亚类根据母质，地理环境及成土作用的不同，分为河谷黄土草甸褐土和河谷坡积黄土质草甸褐土 2 个土属。

1. 河谷黄土草甸褐土　分布于河沿岸台地低洼处，母质为次生黄土。由于上部自然降水渗透汇入河内，特别是汛期来水，改变了原来的水文地质条件，土体经常保持较高的地下水位，是形成该土的重要因素。本土属根据含卵石层情况，可分为河谷黄土草甸褐土和深位卵石层黄土草甸褐土2个土种，现举例如下：

典型剖面采自昕水镇（原城关公社）葛口西南50～400米处，海拔为700米，剖面号19，母质为次生黄土、为沟渠边台地，其剖面形态特征见表3-17。

表3-17　河谷黄土草甸褐土剖面形态特征

土种名称	剖面号	深度（厘米）	颜色	质地	结构	松紧度	孔隙	新生体	植物根	石灰反应	侵入体
河谷黄土草甸褐土	19	0～16	灰棕	轻	碎块	稍紧	多		中	+++	
		16～27	棕代灰	轻	块	紧实	少		少	+++	
		27～52	棕代灰	中	块	紧实	少		少	+++	
		52～101	浅褐	轻+	块	紧实	少	锈纹锈斑	少	+++	
		101～150	浅灰轻	轻	块	紧实	少	锈纹锈斑		+++	

2. 河谷坡积黄土草甸褐土　分布在大宁县南部土石山区的山前交接洼地上，面积极微，母质为坡积物。由于河谷两侧的山地地下潜水向川谷汇集，使土壤保持湿润状态，加之干湿交替，使地下水上下移动，促使草甸作用，形成草甸褐土。本土属只有河谷坡积黄土草甸褐土1个土种，面积极微，效益不大。现举例如下：

典型剖面采自三多乡（原南堡公社）田家庄南东55～200米处，海拔为1 250米，剖面号222，母质坡积黄土、为沟旱地。其剖面形态特征见表3-18。

表3-18　河谷坡积黄土草甸褐土形态特征

土种名称	剖面号	深度（厘米）	颜色	质地	结构	松紧度	孔隙	新生体	植物根	石灰反应	侵入体
河谷坡积黄土质草甸褐土	222	0～26	灰棕	轻	碎块	疏松	多		多	+++	
		26～53	灰棕	轻	块	稍紧	中		多	+++	
		53～94	浅褐	轻+	块	紧实	少	锈纹	中	+++	
		94～105	浅灰棕	轻+	块	紧实	少	锈斑	少	+++	
		105～150	灰棕	轻	块	紧实	少			+++	

3. 褐土型沙土　分布在黄河沿岸台地上，母质为河流冲积物。质地粗糙，多为沙土—沙壤，海拔为500米左右，全剖面没有发育层次。由于黏粒含量极少，通透性强，代换量小（1.5me/100克土），保水保肥很差，有机质矿化过程强烈，故土壤养分极端贫瘠，物理性状不良，属于劣等地。今后应增施冷性有机肥料，种植绿肥，提高土壤有机质，逐渐提高地力，还可借原有引洪设施，引洪压沙，既可改良物理性状，又可提高地力。面积为1 087亩，占总土地面积0.07%，本土属只有褐土性沙土1个土种。

典型剖面采自徐家垛乡（原割麦公社）后坡南西20～1 000米处，海拔为515米，剖面号379，母质洪积物为河谷地，现将剖面形态特征分述见表3-19。

表 3-19　褐土型沙土剖面形态特征

土种名称	剖面号	深度（厘米）	颜色	质地	结构	松紧度	孔隙	新生体	植物根	石灰反应	侵入体
褐土性河沙土	379	0～16	浅灰棕	沙壤	屑粒	疏松	多		少	+++	有沙岩石块
		14～47	浅灰棕	沙壤	碎块	紧实	中		少	+++	
		47～84	浅灰棕	沙壤	碎块	紧实	中		少	+++	
		84～120	浅灰棕	沙壤	碎块	紧实	中			+++	
		120～150	浅灰棕	沙壤	碎块	紧实	中			+++	

第二节　有机质及大量元素

土壤大量元素背景值的表达方式以各统计单元养分汇总结果的算术平均值和标准差来表示，分别以单体 N、P、K 表示。表示单位：有机质、全氮用克/千克表示，有效磷、速效钾、缓效钾用毫克/千克表示。

土壤有机质、全氮、有效磷、速效钾等以《山西省耕地土壤养分含量分级表》为标准，各分 6 个级别，见表 3-20。

表 3-20　山西省耕地土壤有机质和大量元素分级标准

级　别	Ⅰ	Ⅱ	Ⅲ	Ⅳ	Ⅴ	Ⅵ
有机质（克/千克）	＞25.00	20.01～25.00	15.01～20.00	10.01～15.00	5.01～10.00	≤5.00
全　氮（克/千克）	＞1.50	1.201～1.50	1.001～1.200	0.751～1.000	0.501～0.750	≤0.50
有效磷（毫克/千克）	＞25.00	20.01～25.00	15.1～20.0	10.1～15.0	5.1～10.0	≤5.0
速效钾（毫克/千克）	＞250	201～250	151～200	101～150	51～100	≤50
缓效钾（毫克/千克）	＞1 200	901～1 200	601～900	351～600	151～350	≤150

一、含量与分布

1. 有机质　大宁县耕地土壤有机质含量变化范围为 1.2～23.3 克/千克，平均值为 11.71 克/千克，属省四级水平。

（1）不同行政区域：各乡（镇）有机质平均值分别为：昕水镇 10.52 克/千克，三多乡 10.43 克/千克，曲峨镇 12.38 克/千克，太德乡 10.41 克/千克，徐家垛乡 13.59 克/千克，太古乡 13.26 克/千克。

（2）不同地形部位：黄土丘陵区有机质平均值为 10.71 克/千克，含量变化范围为 9.96～11.66 克/千克；山地有机质平均值为 11.12 克/千克，含量变化范围为 7.9～28.2 克/千克；黄土台垣区有机质平均值为 11.5 克/千克，含量变化范围为 7.6～23.6 克/千克；河川谷地有机质平均值为 11.7 克/千克，含量变化范围为 10.7～20.0 克/千克。

（3）不同土壤类型（主要土属）：黄土质褐土有机质平均值为 10.71 克/千克，含量变化范围为 9.96～11.66 克/千克；黄土质石灰性褐土有机质平均值为 10.61 克/千克，含量变化范围为 6.33～24.30 克/千克；沙泥质淋溶褐土有机质平均值为 11.77 克/千克，含量变化范围为 6.00～36.88 克/千克；黄土质褐土性土有机质平均值为 11.2 克/千克，含量变化范围为 8.1～14.3 克/千克；红黄土质褐土性土有机质平均值为 10.35 克/千克，含量变化范围为 7.9～27.1 克/千克；洪积褐土性土有机质平均值为 11.52 克/千克，含量变化范围为 9.2～11.8 克/千克；沟淤褐土性土有机质平均值为 11.56 克/千克，含量变化范围为 7.2～11.52 克/千克。

2. 全氮 大宁县土壤全氮含量变化范围为 0.61～1.13 克/千克，平均值为 0.72 克/千克，属省五级水平。

（1）不同行政区域：昕水镇全氮平均值为 0.66 克/千克，含量变化范围为 0.53～0.93 克/千克；三多乡全氮平均值为 0.74 克/千克，含量变化范围为 0.75～0.95 克/千克；曲峨镇全氮平均值为 0.69 克/千克，含量变化范围为 0.61～0.86 克/千克；太德乡全氮平均值为 0.64 克/千克，含量变化范围为 0.53～0.90 克/千克；徐家垛乡全氮平均值为 0.84 克/千克，含量变化范围为 0.49～1.01 克/千克；太古乡全氮平均值为 0.76 克/千克，含量变化范围为 0.63～0.88 克/千克。

（2）不同地形部位：黄土丘陵区全氮平均值为 0.64 克/千克，含量变化范围为 0.28～0.99 克/千克；山地全氮平均值为 0.71 克/千克，含量变化范围为 0.39～1.23 克/千克；黄土台垣区全氮平均值为 0.67 克/千克，含量变化范围为 0.39～1.01 克/千克；河川谷地全氮平均值为 0.66 克/千克，含量变化范围为 0.45～1.01 克/千克。

（3）不同土壤类型（主要土属）：黄土质褐土全氮平均值为 0.65 克/千克，含量变化范围为 0.28～0.99 克/千克；黄土质石灰性褐土全氮平均值为 0.70 克/千克，含量变化范围为 0.29～0.89 克/千克；沙泥质淋溶褐土全氮平均值为 0.66 克/千克，含量变化范围为 0.25～0.95 克/千克；黄土质褐土性土全氮平均值为 0.63 克/千克，含量变化范围为 0.19～1.06 克/千克；红黄土质褐土性土全氮平均值为 0.61 克/千克，含量变化范围为 0.25～1.20 克/千克；洪积褐土性土全氮平均值为 0.68 克/千克，含量变化范围为 0.26～1.12 克/千克；沟淤褐土性土全氮平均值为 0.72 克/千克，含量变化范围为 0.31～1.30 克/千克；

3. 有效磷 大宁县有效磷含量变化范围为 0.10～23.20 毫克/千克，平均值为 6.42 毫克/千克，属省五级水平。

（1）不同行政区域：昕水镇有效磷平均值为 6.64 毫克/千克，含量变化范围为 3.02～25.64 毫克/千克；三多乡有效磷平均值为 7.63 毫克/千克，含量变化范围为 2.28～22.41 毫克/千克；曲峨镇有效磷平均值为 6.755 毫克/千克，含量变化范围为 2.53～15.43 毫克/千克；太德乡有效磷平均值为 5.56 毫克/千克，含量变化范围为 2.77～10.11 毫克/千克；徐家垛乡有效磷平均值为 5.68 毫克/千克，含量变化范围为 2.77～13.40 毫克/千克；太古乡有效磷平均值为 5.12 毫克/千克，含量变化范围为 3.02～18.07 毫克/千克。

（2）不同地形部位：黄土丘陵区有效磷平均值为 6.2 毫克/千克，含量变化范围为 3.2～17.1 毫克/千克；山地有效磷平均值为 5.7 毫克/千克，含量变化范围为 1.7～19.4 毫克/千克；黄土台垣区有效磷平均值为 6.5 毫克/千克，含量变化范围为 4.2～17.1 毫克/千克；河川谷地有效磷平均值为 6.8 毫克/千克，含量变化范围为 4.5～10.4 毫克/千克。

（3）不同土壤类型（主要土属）：黄土质褐土有效磷平均值为 6.3 毫克/千克，含量变化范围为 4.0～8.0 毫克/千克；黄土质石灰性褐土有效磷平均值为 6.6 毫克/千克，含量变化范围为 2.5～11.0 毫克/千克；沙泥质淋溶褐土有效磷平均值为 6.3 毫克/千克，含量变化范围为 2.8～10.6 毫克/千克；黄土质褐土性土有效磷平均值为 6.2 毫克/千克，含量变化范围为 2.2～13.6 毫克/千克；红黄土质褐土性土有效磷平均值为 6.1 毫克/千克，含量变化范围为 3.9～17.1 毫克/千克；洪积褐土性土有效磷平均值为 6.8 毫克/千克，含量变化范围为 1.0～12.7 毫克/千克；沟淤褐土性土有效磷平均值为 6.3 毫克/千克，含量变化范围为 1.2～16.4 毫克/千克。

4. 速效钾 大宁县土壤速效钾含量变化范围为 61～423 毫克/千克，平均值为 158.14 毫克/千克，属省三级水平。

（1）不同行政区域：昕水镇速效钾平均值为 141.97 毫克/千克，含量变化范围为 84.63～310.75 毫克/千克；三多乡速效钾平均值为 155.7 毫克/千克，含量变化范围为 91.21～400.39 毫克/千克；曲峨镇速效钾平均值为 168.99 毫克/千克，含量变化范围为 78.04～340.63 毫克/千克；太德乡速效钾平均值为 126.94 毫克/千克，含量变化范围为 89.02～177.131 毫克/千克；徐家垛乡速效钾平均值为 178.39 毫克/千克，含量变化范围为 110.80～330.67 毫克/千克；太古乡速效钾平均值为 173.31 毫克/千克，含量变化范围为 110.80～310.75 毫克/千克。

（2）不同地形部位：黄土丘陵区速效钾平均值为 138 毫克/千克，含量变化范围为 61～263 毫克/千克；山地速效钾平均值为 139 毫克/千克，含量变化范围为 64～423 毫克/千克；黄土台垣区速效钾平均值为 137 毫克/千克，含量变化范围为 80～257 毫克/千克；河川谷地速效钾平均值为 145 毫克/千克，含量变化范围为 104～204 毫克/千克。

（3）不同土壤类型（主要土属）：黄土质褐土速效钾平均值为 146.3 毫克/千克，含量变化范围为 61.59～420.5 毫克/千克；黄土质石灰性褐土速效钾平均值为 153.6 毫克/千克，含量变化范围为 62.03～422.1 毫克/千克；沙泥质淋溶褐土速效钾平均值为 154.6 毫克/千克，含量变化范围为 61.0.36～421.3 毫克/千克；黄土质褐土性土速效钾平均值为 154.1 毫克/千克，含量变化范围为 63.5～418.3 毫克/千克；红黄土质褐土性土速效钾平均值为 134.1 毫克/千克，含量变化范围为 61.35～423 毫克/千克；洪积褐土性土速效钾平均值为 159.8 毫克/千克，含量变化范围为 62.35～422.62 毫克/千克；沟淤褐土性土速效钾平均值为 148.3 毫克/千克，含量变化范围为 63.25～421.8 毫克/千克。

5. 缓效钾 大宁县土壤缓效钾含量变化范围为 542～1 039 毫克/千克，平均值为 920.9 毫克/千克，属省二级水平。

（1）不同行政区域：昕水镇缓效钾平均值为 922.08 毫克/千克，含量变化范围为 780.37～1 140.16 毫克/千克；三多乡缓效钾平均值为 923.75 毫克/千克，含量变化范围为 820.23～1 260.79 毫克/千克；曲峨镇缓效钾平均值为 923.76 毫克/千克，含量变化范围为 720.58～1 100.30 毫克/千克；太德乡缓效钾平均值为 941.27 毫克/千克，含量变化范围为 780.37～1 060.44 毫克/千克；徐家垛乡缓效钾平均值为 904.08 毫克/千克，含量变化范围为 680.72～1 140.16 毫克/千克；太古乡缓效钾平均值为 901.54 毫克/千克，含量变化范围为 700.65～1 080.37 毫克/千克。

（2）不同地形部位：黄土丘陵区缓效钾平均值为 820 毫克/千克，含量变化范围为 571～997 毫克/千克；山地缓效钾平均值为 833 毫克/千克，含量变化范围为 542～1 039 毫克/千克；黄土台垣区缓效钾平均值为 829 毫克/千克，含量变化范围为 641～986 毫克/千克；河川谷地缓效钾平均值为 872 毫克/千克，含量变化范围为 741～975 毫克/千克。

（3）不同土壤类型（主要土属）：黄土质褐土缓效钾平均值为 910.23 毫克/千克，含量变化范围为 542.0～1 035.2 毫克/千克；黄土质石灰性褐土缓效钾平均值为 919.5 毫克/千克，含量变化范围为 542.1～1 035.3 毫克/千克；沙泥质淋溶褐土缓效钾平均值为 901.2 毫克/千克，含量变化范围为 542～1 011.3 毫克/千克；黄土质褐土性土缓效钾平均值为 920.1 毫克/千克，含量变化范围为 543.6～1 039.0 毫克/千克；红黄土质褐土性土缓效钾平均值为 915.6 毫克/千克，含量变化范围为 546.2～1 029.1 毫克/千克；洪积褐土性土缓效钾平均值为 913.5 毫克/千克，含量变化范围为 542.3～1 035.6 毫克/千克；沟淤褐土性土缓效钾平均值为 920.8 毫克/千克，含量变化范围为 543.2～1 039.9 毫克/千克。

二、分级论述

1. 有机质

Ⅰ级　有机质含量为 25.0 克/千克以上，全县无分布。

Ⅱ级　有机质含量为 20.01～25.0 克/千克，面积为 1 418.18 亩，占总耕地面积的 0.6%。

Ⅲ级　有机质含量为 15.01～20.0 克/千克，面积为 19 605.5 亩，占总耕地面积的 7.9%。

Ⅳ级　有机质含量为 10.01～15.0 克/千克，面积为 152 345.63 亩，占总耕地面积的 62.02%。

Ⅴ级　有机质含量为 5.01～10.1 克/千克，面积为 60 138.24 亩，占总耕地面积的 24.58%。

Ⅵ级　有机质含量为 5.0 克/千克以下，面积为 12 128.1 亩，占总耕地面积的 4.9%。

2. 全氮

Ⅰ级　全氮含量为大于 1.50 克/千克，全县无分布。

Ⅱ级　全氮含量为 1.201～1.50 克/千克，全县无分布。

Ⅲ级　全氮含量为 1.001～1.20 克/千克，面积为 2 748.59 亩，占总耕地面积的 0.11%。

Ⅳ级　全氮含量为 0.701～1.000 克/千克，面积为 93 539.3 亩，占总耕地面积的 38.28%。

Ⅴ级　全氮含量为 0.501～0.70 克/千克，面积为 135 305.2 亩，占总耕地面积的 55.82%。

Ⅵ级　全氮含量为小于 0.5 克/千克，面积为 14 042.54 亩，占总耕地面积的 5.79%。

3. 有效磷

Ⅰ级　有效磷含量为大于 25.00 毫克/千克，全县无分布。

Ⅱ级　有效磷含量为 20.1～25.00 毫克/千克，全县无分布。

Ⅲ级　有效磷含量为 15.1～20.1 毫克/千克，全县面积 1 211.89 亩，占总耕地面积的 0.31%。

Ⅳ级　有效磷含量为 10.1～15.0 毫克/千克。全县面积 36 198.17 亩，占总耕地面积的 9.23%。

Ⅴ级　有效磷含量为 5.1～10.0 毫克/千克，全县面积 306 551.5 亩，占总耕地面积的 78.21%。

Ⅵ级　有效磷含量为小于 5.0 毫克/千克，全县面积 48 021.57 亩，占总耕地面积的 12.25%。

4. 速效钾

Ⅰ级　速效钾含量为大于 250 毫克/千克，全县面积 1 568.3 亩，占总耕地面积的 0.6%。

Ⅱ级　速效钾含量为 201～250 毫克/千克，全县面积 19 383.74 亩，占总耕地面积的 7.9%。

Ⅲ级　速效钾含量为 151～200 毫克/千克，全县面积 103 952 亩，占总耕地面积的 42.3%。

Ⅳ级　速效钾含量为 101～150 毫克/千克，全县面积 83 020.4 亩，占总耕地面积的 33.8%。

Ⅴ级　速效钾含量为 51～100 毫克/千克，全县面积 23 562.29 亩，占总耕地面积的 9.6%。

Ⅵ级　速效钾含量为小于 50 毫克/千克，全县面积 14 148.92 亩，占总耕地面积的 5.8%。

5. 缓效钾

Ⅰ级　缓效钾含量为大于 1 200 毫克/千克，全县面积 1 058.2 亩，占总耕地面积的 0.43%。

Ⅱ级　缓效钾含量为 901～1 200 毫克/千克，全县面积 69 351.25 亩，占总耕地面积的 28.23%。

Ⅲ级　缓效钾含量为 601～900 毫克/千克，全县面积 174 329.9 亩，占总耕地面积的 70.97%。

Ⅳ级　缓效钾含量为 351～600 毫克/千克，全县面积 896.3 亩，占总耕地面积的 0.37 %。

Ⅴ级　缓效钾含量为 151～350 毫克/千克，全县无分布。

Ⅵ级　缓效钾含量为小于等于 150 毫克/千克，全县无分布。

第三节　耕地土壤中微量元素

土壤有效硫、有效铜、有效锰、有效锌、有效铁、有效硼含量以《山西省耕地土壤养分含量分级标准》为标准，各分为 6 个级别，见表 3-21。

表 3-21 山西省耕地土壤中微量元素养分分级标准

级 别	I	II	III	IV	V	VI
有效硫（毫克/千克）	>200.00	100.1~200	50.1~100.0	25.1~50.0	12.1~25.0	≤12.0
有效铜（毫克/千克）	>2.00	1.51~2.00	1.01~1.51	0.51~1.00	0.21~0.50	≤0.20
有效锰（毫克/千克）	>30.00	20.01~30.00	15.01~20.00	5.01~15.00	1.01~5.00	≤1.00
有效锌（毫克/千克）	>3.00	1.51~3.00	1.01~1.50	0.51~1.00	0.31~0.50	≤0.30
有效铁（毫克/千克）	>20.00	15.01~20.00	10.01~15.00	5.01~10.00	2.51~5.00	≤2.50
有效硼（毫克/千克）	>2.00	1.51~2.00	1.01~1.50	0.51~1.00	0.21~0.50	≤0.20

一、含量与分布

1. 有效硫 大宁县土壤有效硫变化范围为 1.00~73.50 毫克/千克，平均值为 21.06 毫克/千克，相当于省五级水平。

（1）不同行政区域：昕水镇有效硫平均值为 18.25 毫克/千克；三多乡有效硫平均值为 21.57 毫克/千克；曲峨镇有效硫平均值为 23.61 毫克/千克；太德乡有效硫平均值为 18.29 毫克/千克；徐家垛乡有效硫平均值为 24.26 毫克/千克；太古乡有效硫平均值为 24.64 毫克/千克。

（2）不同地形部位：黄土丘陵区有效硫平均值为 21.01 毫克/千克；山地有效硫平均值为 21.05 毫克/千克；黄土台垣区有效硫平均值为 22.04 毫克/千克；河川谷地有效硫平均值为 21.41 毫克/千克。

（3）不同土壤类型（主要土属）：黄土质褐土有效硫平均值为 21.05 毫克/千克，含量变化范围为 10.0~25.03 毫克/千克；黄土质石灰性褐土有效硫平均值为 20.59 毫克/千克，含量变化范围为 8.5~24.0 毫克/千克；沙泥质淋溶褐土有效硫平均值为 20.01 毫克/千克，含量变化范围为 8.8~23.6 毫克/千克；黄土质褐土性土有效硫平均值为 20.03 毫克/千克，含量变化范围为 8.2~23.6 毫克/千克；红黄土质褐土性土有效硫平均值为 20.02 毫克/千克，含量变化范围为 7.9~27.1 毫克/千克；洪积褐土性土有效硫平均值为 21.06 毫克/千克，含量变化范围为 10.0~22.7 毫克/千克；沟淤褐土性土有效硫平均值为 20.00 毫克/千克，含量变化范围为 8.2~26.4 毫克/千克。

2. 有效铜 大宁县土壤有效铜含量变化范围为 0.13~1.4 毫克/千克，平均值为 0.63 毫克/千克，相当于省四级水平。

（1）不同行政区域：昕水镇有效铜平均值为 0.76 毫克/千克，含量变化范围为 0.39~0.93 毫克/千克；三多乡有效铜平均值为 0.83 毫克/千克，含量变化范围为 0.38~2.61 毫克/千克；曲峨镇有效铜平均值为 0.43 毫克/千克，含量变化范围为 0.31~0.921 毫克/千克；太德乡有效铜平均值为 0.73 毫克/千克，含量变化范围为 0.38~0.87 毫克/千克；徐家垛乡有效铜平均值为 0.41 毫克/千克，含量变化范围为 0.32~0.90 毫克/千克；太古乡有效铜平均值为 0.39 毫克/千克，含量变化范围为 0.19~1.50 毫克/千克。

（2）不同地形部位：黄土丘陵区有效铜平均值为 0.57 毫克/千克，含量变化范围为 0.27～1.11 毫克/千克；山地有效铜平均值为 0.75 毫克/千克，含量变化范围为 0.34～2.61 毫克/千克；黄土台垣区有效铜平均值为 0.62 毫克/千克，含量变化范围为 0.43～0.93 毫克/千克；河川谷地有效铜平均值为 0.67 毫克/千克，含量变化范围为 0.38～0.90 毫克/千克。

（3）不同土壤类型（主要土属）：黄土质褐土有效铜平均值为 6.3 毫克/千克，含量变化范围为 14.0～18.0 毫克/千克；黄土质石灰性褐土有效铜平均值为 7.6 毫克/千克，含量变化范围为 8.5～24.0 毫克/千克；沙泥质淋溶褐土有效铜平均值为 5.6 毫克/千克，含量变化范围为 8.8～19.6 毫克/千克；黄土质褐土性土有效铜平均值为 5.1 毫克/千克，含量变化范围为 8.2～23.6 毫克/千克；红黄土质褐土性土有效铜平均值为 5.1 毫克/千克，含量变化范围为 7.9～27.1 毫克/千克；洪积褐土性土有效铜平均值为 6.8 毫克/千克，含量变化范围为 10.0～22.7 毫克/千克；沟淤褐土性土有效铜平均值为 6.3 毫克/千克，含量变化范围为 8.2～26.4 毫克/千克。

3. 有效锌 大宁县土壤有效锌含量变化范围为 0.09～2.01 毫克/千克，平均值为 0.51 毫克/千克，相当于省四级水平。

（1）不同行政区域：昕水镇有效锌平均值为 0.61 毫克/千克，含量变化范围为 0.26～1.27 毫克/千克；三多乡有效锌平均值为 0.64 毫克/千克，含量变化范围为 0.26～1.86 毫克/千克；曲峨镇有效锌平均值为 0.36 毫克/千克，含量变化范围为 0.40～1.86 毫克/千克；太德乡有效锌平均值为 0.42 毫克/千克，含量变化范围为 0.35～1.60 毫克/千克；徐家垛乡有效锌平均值为 0.52 毫克/千克，含量变化范围为 0.39～1.43 毫克/千克；太古乡有效锌平均值为 0.45 毫克/千克，含量变化范围为 0.19～2.66 毫克/千克。

（2）不同地形部位：黄土丘陵区有效锌平均值为 0.63 毫克/千克，含量变化范围为 0.34～1.60 毫克/千克；山地有效锌平均值为 0.72 毫克/千克，含量变化范围为 0.19～2.66 毫克/千克；黄土台垣区有效锌平均值为 0.63 毫克/千克，含量变化范围为 0.26～1.43 毫克/千克；河川谷地有效锌平均值为 0.73 毫克/千克，含量变化范围为 0.45～1.60 毫克/千克。

（3）不同土壤类型（主要土属）：黄土质褐土有效锌平均值为 0.50 毫克/千克，含量变化范围为 0.39～1.02 毫克/千克；黄土质石灰性褐土有效锌平均值为 0.43 毫克/千克，含量变化范围为 0.41～0.82 毫克/千克；沙泥质淋溶褐土有效锌平均值为 0.46 毫克/千克，含量变化范围为 0.39～0.686 毫克/千克；黄土质褐土性土有效锌平均值为 0.45 毫克/千克，含量变化范围为 0.40～0.83 毫克/千克；红黄土质褐土性土有效锌平均值为 0.45 毫克/千克，含量变化范围为 0.38～0.87 毫克/千克；洪积褐土性土有效锌平均值为 0.48 毫克/千克，含量变化范围为 0.44～0.58 毫克/千克；沟淤褐土性土有效锌平均值为 0.49 毫克/千克，含量变化范围为 0.42～0.91 毫克/千克。

4. 有效锰 大宁县土壤有效锰含量变化范围为 0.8～7.8 毫克/千克，平均值为 3.39 毫克/千克，相当于省五级水平。

（1）不同行政区域：昕水镇有效锰平均值为 3.46 毫克/千克，含量变化范围为 1.28～5.39 毫克/千克；三多乡有效锰平均值为 3.92 毫克/千克，含量变化范围为 1.54～5.76

毫克/千克；曲峨镇有效锰平均值为 2.71 毫克/千克，含量变化范围为 1.81～6.14 毫克/千克；太德乡有效锰平均值为 3.90 毫克/千克，含量变化范围为 0.92～3.14 毫克/千克；徐家垛乡有效锰平均值为 3.15 毫克/千克，含量变化范围为 1.28～4.47 毫克/千克；太古乡有效锰平均值为 2.89 毫克/千克，含量变化范围为 1.81～7.27 毫克/千克。

（2）不同地形部位：黄土丘陵区有效锰平均值为 2.25 毫克/千克，含量变化范围为 0.82～5.20 毫克/千克；山地有效锰平均值为 3.95 毫克/千克，含量变化范围为 1.28～7.27 毫克/千克；黄土台垣区有效锰平均值为 2.69 毫克/千克，含量变化范围为 1.28～4.73 毫克/千克；河川谷地有效锰平均值为 3.12 毫克/千克，含量变化范围为 1.54～5.95 毫克/千克。

（3）不同土壤类型（主要土属）：黄土质褐土有效锰平均值为 3.38 毫克/千克，含量变化范围为 0.81～6.98 毫克/千克；黄土质石灰性褐土有效锰平均值为 3.35 毫克/千克，含量变化范围为 0.8～7.68 毫克/千克；沙泥质淋溶褐土有效锰平均值为 3.31 毫克/千克，含量变化范围为 0.82～7.59 毫克/千克；黄土质褐土性土有效锰平均值为 3.29 毫克/千克，含量变化范围为 0.81～7.52 毫克/千克；红黄土质褐土性土有效锰平均值为 3.36 毫克/千克，含量变化范围为 0.82～7.71 克/千克；洪积褐土性土有效锰平均值为 3.39 毫克/千克，含量变化范围为 0.8～7.79 毫克/千克；沟淤褐土性土有效锰平均值为 3.32 毫克/千克，含量变化范围为 0.8～7.80 毫克/千克。

5. 有效铁 大宁县土壤有效铁含量变化范围为 0.6～6.8 毫克/千克，平均值为 2.78 毫克/千克，相当于省五级水平。

（1）不同行政区域：昕水镇有效铁平均值为 3.28 毫克/千克，含量变化范围为 0.6～6.67 毫克/千克；三多乡有效铁平均值为 4.07 毫克/千克，含量变化范围为 1.99～6.74 毫克/千克；曲峨镇有效铁平均值为 1.45 毫克/千克，含量变化范围为 3.67～8.34 毫克/千克；太德乡有效铁平均值为 3.44 毫克/千克，含量变化范围为 1.39～6.71 毫克/千克；徐家垛乡有效铁平均值为 2.10 毫克/千克，含量变化范围为 1.29～6.01 毫克/千克；太古乡有效铁平均值为 1.69 毫克/千克，含量变化范围为 0.61～6.52 毫克/千克。

（2）不同地形部位：黄土丘陵区有效铁平均值为 3.11 毫克/千克，含量变化范围为 1.29～7.01 毫克/千克；山地有效铁平均值为 4.18 毫克/千克，含量变化范围为 2.99～6.54 毫克/千克；黄土台垣区有效铁平均值为 3.34 毫克/千克，含量变化范围为 1.79～6.67 毫克/千克；河川谷地有效铁平均值为 4.40 毫克/千克，含量变化范围为 1.29～6.01 毫克/千克。

（3）不同土壤类型（主要土属）：黄土质褐土有效铁平均值为 2.73 毫克/千克，含量变化范围为 0.61～6.78 毫克/千克；黄土质石灰性褐土有效铁平均值为 2.51 毫克/千克，含量变化范围为 0.6～6.51 毫克/千克；沙泥质淋溶褐土有效铁平均值为 2.69 毫克/千克，含量变化范围为 0.6～6.75 毫克/千克；黄土质褐土性土有效铁平均值为 2.71 毫克/千克，含量变化范围为 0.62～6.70m 毫克/千克；红黄土质褐土性土有效铁平均值为 2.69 毫克/千克，含量变化范围为 0.60～6.59 毫克/千克；洪积褐土性土有效铁平均值为 2.77 毫克/千克，含量变化范围为 0.62～6.80 毫克/千克；沟淤褐土性土有效铁平均值为 2.74 毫克/千克，含量变化范围为 0.65～6.76 毫克/千克。

6. 有效硼　大宁县土壤有效硼含量变化范围为 0.04～1.13 毫克/千克，平均值为 0.42 毫克/千克，相当于省五级水平。

（1）不同行政区域：昕水镇有效硼平均值为 0.34 毫克/千克，含量变化范围为 0.14～1.08 毫克/千克；三多乡有效硼平均值为 0.27 毫克/千克，含量变化范围为 0.14～0.61 毫克/千克；曲峨镇有效硼平均值为 0.58 毫克/千克，含量变化范围为 0.10～0.84 毫克/千克；太德乡有效硼平均值为 0.35 毫克/千克，含量变化范围为 0.13～0.80 毫克/千克；徐家垛乡有效硼平均值为 0.61 毫克/千克，含量变化范围为 0.17～0.77 毫克/千克；太古乡有效硼平均值为 0.58 毫克/千克，含量变化范围为 0.16～1.08 毫克/千克。

（2）不同地形部位：黄土丘陵区有效硼平均值为 0.34 毫克/千克，含量变化范围为 0.14～0.80 毫克/千克；山地有效硼平均值为 0.32 毫克/千克，含量变化范围为 0.14～1.08 毫克/千克；黄土台垣区有效硼平均值为 0.32 毫克/千克，含量变化范围为 0.10～0.67 毫克/千克；河川谷地有效硼平均值为 0.38 毫克/千克，含量变化范围为 0.16～0.58 毫克/千克。

（3）不同土壤类型（主要土属）：黄土质褐土有效硼平均值为 0.53 毫克/千克，含量变化范围为 0.15～0.95 毫克/千克；黄土质石灰性褐土有效硼平均值为 0.50 毫克/千克，含量变化范围为 0.05～0.89 毫克/千克；沙泥质淋溶褐土有效硼平均值为 0.48 毫克/千克，含量变化范围为 0.04～1.13 毫克/千克；黄土质褐土性土有效硼平均值为 0.41 毫克/千克，含量变化范围为 0.45～1.01 毫克/千克；红黄土质褐土性土有效硼平均值为 0.35 毫克/千克，含量变化范围为 0.41～0.95 毫克/千克；洪积褐土性土有效硼平均值为 0.40 毫克/千克，含量变化范围为 0.42～0.65 毫克/千克；沟淤褐土性土有效硼平均值为 0.40 毫克/千克，含量变化范围为 0.41～0.63 毫克/千克。

二、分级论述

1. 有效硫

Ⅰ级　有效硫含量大于 200.0 毫克/千克，全县无分布。

Ⅱ级　有效硫含量为 100.1～200.0 毫克/千克，全县无分布。

Ⅲ级　有效硫含量为 50.1～100 毫克/千克，全县面积 13 583.1 亩，占总耕地面积的 5.52%。

Ⅳ级　有效硫含量为 25.1～50.0 毫克/千克，全县面积为 98 528.4 亩，占总耕地面积的 40.15%。

Ⅴ级　有效硫含量为 12.1～25.0 毫克/千克，全县面积为 125 852.3 亩，占总耕地面积的 51.23%。

Ⅵ级　有效硫含量为小于等于 12.0 毫克/千克，全县面积为 7 671.85 亩，占总耕地面积的 3.1%。

2. 有效铜

Ⅰ级　有效铜含量为大于 2.00 毫克/千克，全县无分布。

Ⅱ级　有效铜含量为 1.51～2.00 毫克/千克，全县无分布。

Ⅲ级　有效铜含量为 1.01～1.50 毫克/千克，全县分布面积 98 324.2 亩，占总耕地面积的 40.03%。

Ⅳ级　有效铜含量为 0.51～1.00 毫克/千克，全县面积 85 564.8 亩，占总耕地面积的 34.84%。

Ⅴ级　有效铜含量为 0.21～0.50 毫克/千克，全县面积 59 124.5 亩，占总耕地面积的 24.07%。

Ⅵ级　有效铜含量为小于或等于 0.20 毫克/千克，全县面积 2 622.15 亩，占总耕地面积的 1.06%。

3. 有效锰

Ⅰ级　有效锰含量为 30 毫克/千克以上，全县无分布。

Ⅱ级　有效锰含量为 20.01～30.00 毫克/千克，全县无分布。

Ⅲ级　有效锰含量为 15.01～20.00 毫克/千克，全县无分布。

Ⅳ级　有效锰含量为 5.01～15.00 毫克/千克，全县分布面积 65 413.85 亩，占总耕地面积的 26.63%。

Ⅴ级　有效锰含量为 1.01～5.00 毫克/千克，全县面积 179 208.7 亩，占总耕地面积的 72.96%。

Ⅵ级　有效锰含量为小于 1.00 毫克/千克，全县面积 1 013.1 亩，占总耕地面积的 0.41%。

4. 有效锌

Ⅰ级　有效锌含量为大于 3.00 毫克/千克，全县无分布。

Ⅱ级　有效锌含量为 1.51～3.00 毫克/千克，全县面积 2 454.27 亩，占总耕地面积的 0.99%。

Ⅲ级　有效锌含量为 1.01～1.50 毫克/千克，全县面积 23 867.2 亩，占总耕地面积的 9.71%。

Ⅳ级　有效锌含量为 0.51～1.00 毫克/千克，全县面积 180 217.65 亩，占总耕地面积的 73.38%。

Ⅴ级　有效锌含量为 0.31～0.50 毫克/千克，全县面积 35 482.5 亩，占总耕地面积的 14.45%。

Ⅵ级　有效锌含量为小于等于 0.30 毫克/千克，全县面积 3 614.03 亩，占总耕地面积的 1.47%。

5. 有效铁

Ⅰ级　有效铁含量为大于 20.00 毫克/千克，全县无分布。

Ⅱ级　有效铁含量为 15.01～20.00 毫克/千克，全县无分布。

Ⅲ级　有效铁含量为 10.01～15.00 毫克/千克，全县无分布。

Ⅳ级　有效铁含量为 5.01～10.00 毫克/千克，全县面积 95 863.2 亩，占总耕地面积的 39.03%。

Ⅴ级　有效铁含量为 2.51～5.00 毫克/千克，全县面积 100 864.1 亩，占总耕地面积的 41.06%。

Ⅵ级　有效铁含量为小于等于 2.50 毫克/千克，全县面积 48 908.35 亩，占总耕地面积的 19.91％。

6. 有效硼

Ⅰ级　有效硼含量为大于 2.00 毫克/千克，全县无分布。

Ⅱ级　有效硼含量为 1.51～2.00 毫克/千克，全县无分布。

Ⅲ级　有效硼含量为 1.01～1.50 毫克/千克，全县面积 582.3 亩，占总耕地面积的 0.24％。

Ⅳ级　有效硼含量为 0.51～1.00 毫克/千克，全县面积 11 245.1 亩，占总耕地面积的 4.58％。

Ⅴ级　有效硼含量为 0.21～0.50 毫克/千克，全县面积 225 295.65 亩，占总耕地面积的 91.71％。

Ⅵ级　有效硼含量为小于等于 0.20 毫克/千克，全县面积 8 512.6 亩，占总耕地面积的 3.47％。

第四章 耕地地力评价

第一节 耕地地力分级

一、面积统计

大宁县耕地面积 24.57 万亩，其中水浇地 0.8 万亩，占耕地面积的 3.25%；旱地 23.77 万亩，占耕地面积的 96.75%。按照地力等级的划分指标，对照分级标准，确定每个评价单元的地力等级，汇总结果见表 4-1。

表 4-1　大宁县耕地地力统计

等　级	对应国家等级	面　积（亩）	所占比重（%）
1	3	10 176.99	4.14
2	4～5	66 355.31	27.01
3	5～6	96 818.98	39.42
4	6～7	47 449.65	19.32
5	7	24 834.72	10.11
合计		245 635.65	100

二、地域分布

大宁县耕地主要分布在昕水河和义亭河流域以及残垣垣面、黄土丘陵区和土石山区。各乡（镇）耕地地力等级情况见表 4-2。

表 4-2　各乡（镇）耕地地力等级统计

乡（镇）	一　级	二　级	三　级	四　级	五　级
昕水镇	5 612.94	5 929.20	21 095.11	14 700.93	6 145.74
曲峨镇	1 489.2	17 651.23	13 492.12	8 350.50	4 545.24
三多乡	1 134.45	14 378.41	15 966.74	5 762.54	4 532.21
太德乡	0	14 584.80	10 238.88	2 756.03	2 739.31
徐家垛乡	1 940.4	9 041.00	24 480.71	11 028.54	4 713.68
太古乡	0	4 770.67	9 356.92	4 851.11	2 158.54
国有林场	0	0	2 188.50	0	0

第二节 耕地地力等级分布

一、一 级 地

（一）面积和分布

本级耕地主要分布在昕水河、义亭河两岸的川地，涉及 4 个乡（镇），昕水镇 5 612.94 亩，三多乡 1 134.45 亩，曲峨 1 489.2 亩，徐家垛乡 1 940.4 亩，总面积为 10 176.99 亩，占大宁县总耕地面积的 4.14%。见表 4 - 1。

表 4 - 3 一级地分布区域统计

等 级	乡（镇）	村	面积（亩）
1	昕水镇	城 关	800.54
1		古 乡	33.09
1		小 冯	1 388.50
1		罗 曲	1 506.25
1		葛 口	405.61
1		石 城	43.80
1		吉 亭	1 435.15
1	曲峨镇	甘 棠	676.95
1		黑 城	98.10
1		道 教	143.70
1		曲 风	570.45
1	三多乡	楼 底	803.55
1		三 多	102.75
1		茨 岭	132.00
1		川 庄	96.15
1	徐家垛乡	南桑峨	959.55
1		北桑峨	309.00
1		徐家垛	144.75
1		花 崖	151.65
1		李家垛	375.45
总面积			10 176.99

（二）主要属性分析

本级耕地，土地平坦，地面坡度为 2°～3°，耕层质地适中，为多为壤土，土体构型良好，托水保肥，有效土层厚度为 65～170 厘米，平均为 116 厘米，耕层厚度为 12～20 厘米，pH 的变化范围为 8.0～8.8，平均值为 8.4。地势平缓，无侵蚀，保水，地下水位浅且水质良好，灌溉保证率为充分满足，地面平坦，园田化水平高。

本级耕地土壤有机质平均含量为 15.71 克/千克；有效磷平均含量为 15.61 毫克/千克，速效钾平均含量为 193.45 毫克/千克，全氮平均含量为 0.79 克/千克，见表 4-4。

表 4-4　一级地土壤养分统计

项　目	平均值	最大值	最小值	标准差	变异系数（%）
有机质（克/千克）	11.62	19.96	8.97	1.42	0.12
有效磷（毫克/千克）	10.03	25.64	3.51	4.05	0.40
速效钾（毫克/千克）	161.32	490.38	110.80	23.69	0.15
pH	8.03	8.35	7.85	0.10	0.01
缓效钾（毫克/千克）	942.86	1 060.44	780.37	47.36	0.05
全氮（克/千克）	0.75	1.13	0.55	0.11	0.15
有效硫（毫克/千克）	27.48	56.75	10.74	9.62	0.35
有效锰（毫克/千克）	3.14	5.74	1.36	0.98	0.31
有效硼（毫克/千克）	0.45	0.96	0.16	0.18	0.39
有效铁（毫克/千克）	3.03	5.18	1.20	1.09	0.36
有效铜（毫克/千克）	0.66	1.03	0.24	0.25	0.38
有效锌（毫克/千克）	0.69	2.20	0.22	0.38	0.55

该级耕地农作物生产历来水平较高，从农户调查表来看，小麦平均亩产 201 千克，春玉米亩产 600 千克以上，效益显著；蔬菜占大宁县的 2.2% 以上。

（三）主要存在问题

一是土壤肥力与高产高效的需求仍不适应；二是部分区域地下水资源贫乏，水位持续下降，更新深井，加大了生产成本，多年种菜的部分地块，化肥施用量不断提升，有机肥施用不足，引起土壤板结。尽管国家有一系列的种粮政策，但最近几年农资价格的飞速猛长，农民的种粮积极性严重受挫，对土壤进行粗放式管理。

（四）合理利用

应加强土壤管理，防止土壤污染，合理施肥，有机肥和化肥相结合，用地养地相结合，以保持土壤良好的生产性能。本级耕地在利用上应从主攻蔬菜、西瓜，大力发展设施农业，加快蔬菜、西瓜生产发展，突出区域特色经济作物。

二、二　级　地

（一）面积与分布

本级耕地主要分布在各乡（镇）地势较为平坦的耕地中，面积 66 355.31 亩，占总耕地面积的 27.01%。见表 4-5。

表 4-5　二级地分布区域统计

等　级	乡（镇）	村	面积（亩）
2	昕水镇	当　支	547.45
2		而　吉	489.15
2		白　杜	801.00
2		安　古	470.20
2		麻　束	530.10
2		秀　岩	607.95
2		坡　角	636.15
2		史家坪	632.50
2		杜　村	663.50
2		麦　留	551.20
2	太德乡	太　德	1 321.15
2		茹　古	1 820.50
2		美　原	1 698.20
2		堡　村	1 678.25
2		扶　义	1 885.35
2		龙　吉	1 266.00
2		乌　落	2 094.85
2		曹家庄	2 820.50
2	三多乡	太　乡	1 523.45
2		下则头	1 204.31
2		连　村	1 589.27
2		东　堡	1 189.34
2		鸣　啼	1 624.81
2		刘家庄	1 094.91
2		阿　龙	801.30
2		东庄坪	702.11
2		腰　西	918.50
2		南垣头	1 084.62
2		南　岭	921.23
2		马家窑	1 724.56
2	曲峨镇	曲　风	709.80
2		道　教	470.30
2		甘　棠	389.32
2		白　村	2 253.10
2		支　角	1 440.90

（续）

等　级	乡（镇）	村	面积（亩）
2		杜　峨	881.70
2		堡　业	1 167.16
2		西南堡	1 411.20
2		内　史	791.25
2		榆　村	2 549.25
2		古　驿	1 415.55
2		杜　木	907.05
2		赤　奴	539.70
2		山　庄	451.05
2		花　间	1 915.80
2		黑　城	358.10
2	徐家垛乡	康　里	253.34
2		于家坡	643.20
2		芙　蓉	1 521.30
2		割　麦	1 474.35
2		任　堤	756.20
2		东　木	834.15
2		索　堤	2 251.21
2		乐　堂	514.20
2		岭　上	793.05
2	太古乡	太　古	435.75
2		仪　里	827.60
2		处　河	891.21
2		东　庄	462.20
2		坦　达	1 012.30
2		六儿岭	721.10
2		后　腰	420.51
总面积			66 355.31

（二）主要属性分析

本级耕地质地多为壤土，地面平坦，地面坡度小于 3°，园田化水平较高。有效土层厚度为 150 厘米，耕层厚度平均为 18～30 厘米，本级土壤 pH 为 7.97～8.52。

本级耕地土壤有平均机质平均含量为 12.82 克/千克；有效磷平均含量为 13.29 毫克/千克；速效钾平均含量为 164.36 毫克/千克；全氮平均含量为 0.73 克/千克。详见表4-6。

表4-6 二级地土壤养分统计

项 目	平均值	最大值	最小值	标准差	变异系数（%）
有机质（克/千克）	10.65	17.98	6.00	1.34	0.13
有效磷（毫克/千克）	6.91	15.00	2.77	1.94	0.28
速效钾（毫克/千克）	142.10	380.47	84.63	31.21	0.22
pH	8.01	8.35	7.85	0.11	0.01
缓效钾（毫克/千克）	943.71	1 199.95	740.51	50.13	0.05
全氮（克/千克）	0.76	1.08	0.53	0.10	0.13
有效硫（毫克/千克）	22.12	133.19	6.98	8.92	0.40
有效锰（毫克/千克）	3.14	5.74	1.36	0.83	0.23
有效硼（毫克/千克）	0.37	1.00	0.11	0.17	0.47
有效铁（毫克/千克）	3.26	5.72	1.20	1.06	0.33
有效铜（毫克/千克）	0.72	1.14	0.22	0.19	0.27
有效锌（毫克/千克）	0.56	2.40	0.20	0.23	0.40

本级耕地所在区域，是大宁县的主要粮、瓜、果、菜区，瓜、果、菜地的经济效益较高，粮食生产处于大宁县上游水平，是大宁县重要的粮、菜、果商品生产基地。

（三）主要存在问题

盲目施肥现象严重，有机肥施用量少，由于产量高造成土壤肥力下降，农产品品质降低。灌溉设施不完善，灌溉没保证。

（四）合理利用

应"用养结合"，培肥地力为主，一是合理布局，实行轮作，倒茬，尽可能做到须根与直根、深根与浅根、豆科与禾本科、夏作与秋作、高秆与矮秆作物轮作，使养分调剂，余缺互补；二是推广小麦、玉米秸秆两茬还田，提高土壤有机质含量；三是推广测土配方施肥技术，增施有机肥料，培肥土壤，发展地膜覆盖及秸秆覆盖，建设高标准农田；四是积极发展农田水利，发展节水灌溉农业。

三、三 级 地

（一）面积与分布

本级耕地面积为96 818.98亩，占总耕地面积的39.42%，是大宁县面积较大的一个级别。见表4-7。

表4-7 三级地分布区域统计

等 级	乡（镇）	村	面积（亩）
3	昕水镇	城关村	109.1
3		小 冯	1 802.1
3		罗 曲	1 897.9

（续）

等　级	乡（镇）	村	面积（亩）
3		秀　岩	1 814.20
3		坡　角	1 439.50
3		史家坪	1 197.20
3		石　城	320.72
3		葛　口	348.13
3		吉　亭	623.37
3		古　乡	184.60
3		安　古	2 391.80
3		当　支	2 412.30
3		白　杜	2 787.40
3		而　吉	1 821.97
3		麦　留	920.50
3		杜　村	1 024.32
3	曲峨镇	曲　风	674.30
3		道　教	129.40
3		黑　城	150.27
3		甘　棠	189.10
3		白　村	928.41
3		支　角	1 327.34
3		杜　峨	897.39
3		堡　业	901.43
3		房　村	1 240.98
3		西南堡	518.10
3		内　史	1 339.21
3		榆　村	1 194.70
3		古　驿	724.10
3		杜　木	402.29
3		赤　奴	249.19
3		山　庄	917.30
3		花　间	1 708.61
3	三多乡	三　多	832.40
3		楼　底	798.61
3		腰　西	669.50
3		克坡底	981.45
3		东庄坪	314.30

（续）

等　级	乡（镇）	村	面积（亩）
3		南垣头	828.72
3		岭　头	1 982.80
3		东　堡	1 067.40
3		川　庄	924.35
3		茨　岭	418.63
3		东南堡	1 347.20
3		呜　啼	813.90
3		啊　龙	390.30
3		刘家庄	754.18
3		下则头	458.30
3		连　村	924.80
3		太　乡	895.50
3		马家窑	923.70
3		南　岭	640.70
3	太德乡	太　德	901.80
3		堡　村	1 372.61
3		扶　义	1 431.20
3		龙　吉	1 008.42
3		乌　落	1 552.77
3		茹　古	1 390.57
3		美　原	651.10
3		曹家庄	1 930.41
3	徐家垛乡	徐家垛	1 355.30
3		康　里	541.20
3		于家坡	915.51
3		芙　蓉	1 478.23
3		李家垛	1 513.91
3		花　崖	1 692.27
3		云　居	1 633.55
3		北桑峨	876.77
3		南桑峨	2 196.72
3		割　麦	1 500.53
3		任　堤	2 517.41
3		东　木	1 021.15
3		索　堤	1 491.63

（续）

等　级	乡（镇）	村	面积（亩）
3		乐　堂	2 455.30
3		岭　上	3 291.23
3	太古乡	太　古	1 925.48
3		仪　里	811.90
3		处　河	1 532.71
3		东　庄	2 138.23
3		坦　达	1 397.40
3		六儿岭	1 028.10
3		后　腰	523.10
3	国有林场		2 188.50
总面积			96 818.98

（二）主要属性分析

本级耕地自然条件较好，地势较为平坦。耕层质地为中壤、轻壤，土层深厚，有效土层厚度为 150 厘米以上，耕层厚度为 15～30 厘米。土体构型为通体壤，地面基本平坦，坡度 2°～5°，园田化水平较高。本级的 pH 变化范围为 8.05～8.44，平均值为 8.2。

本级耕地土壤有平均机质平均含量为 11.34 克/千克，；有效磷平均含量为 11.76 毫克/千克；速效钾平均含量为 156.55 毫克/千克；全氮平均含量为 0.70 克/千克。见表4-8。

表 4-8　三级地土壤养分统计

项　目	平均值	最大值	最小值	标准差	变异系数（%）
有机质（克/千克）	11.11	25.00	6.00	1.32	0.12
有效磷（毫克/千克）	7.66	22.41	2.28	2.39	0.31
速效钾（毫克/千克）	159.93	400.39	84.63	32.83	0.21
pH	8.05	8.39	7.85	0.11	0.01
缓效钾（毫克/千克）	943.86	1260.79	680.72	53.72	0.06
全氮（克/千克）	0.74	1.01	0.53	0.10	0.13
有效硫（毫克/千克）	23.44	90.02	6.36	8.70	0.37
有效锰（毫克/千克）	3.38	7.21	1.36	0.83	0.25
有效硼（毫克/千克）	0.44	0.90	0.12	0.17	0.39
有效铁（毫克/千克）	2.87	5.54	0.98	1.13	0.39
有效铜（毫克/千克）	0.65	1.06	0.24	0.21	0.32
有效锌（毫克/千克）	0.54	2.90	0.18	0.26	0.49

本级所在区域，粮食生产水平较高，据调查统计，小麦平均亩产 180 千克，玉米平均亩产 400 千克，杂粮平均亩产 100 千克以上，效益较好。

（三）主要存在问题

本级耕地的微量元素硼、铁等含量偏低。

（四）合理利用

科学种田。本区农业生产水平属中上，粮食产量高，就土壤条件而言，并没有充分显示出高产性能。因此，应采用先进的栽培技术，如选用优种、科学管理、平衡施肥等，施肥上，有机肥和化肥相结合，大量元素与微量元素相结合提高土壤有机质含量，应多喷一些硫酸铁、硼砂、硫酸锌等，充分发挥土壤的丰产性能，夺取各种作物高产。

作物布局。本区今后应在种植业发展方向上主攻优质小麦，玉米生产的同时，抓好无公害果树的生产。

四、四 级 地

（一）面积与分布

本级耕地面积 47 449.65 亩，占总耕地面积的 19.32%。见表 4-9。

表 4-9　四级地分布区域统计

等　级	乡（镇）	村	面积（亩）
4	昕水镇	城关村	213.30
4		小　冯	900.00
4		罗　曲	1 212.10
4		秀　岩	1 811.02
4		坡　角	1 328.21
4		史家坪	924.61
4		石　城	404.60
4		葛　口	329.69
4		吉　亭	498.40
4		古　乡	159.20
4		安　古	1 131.10
4		当　支	1 082.70
4		白　杜	2 033.80
4		而　吉	1 108.20
4		麦　留	638.10
4		杜　村	925.90
4	曲峨镇	曲　风	200.10
4		道　教	504.70
4		黑　城	364.20
4		甘　棠	281.30
4		白　村	523.30

（续）

等　级	乡（镇）	村	面积（亩）
4		支　角	839.40
4		杜　峨	303.30
4		堡　业	625.70
4		房　村	804.50
4		西南堡	309.40
4		内　史	971.90
4		榆　村	861.20
4		古　驿	431.90
4		杜　木	224.20
4		赤　奴	198.70
4		山　庄	281.40
4		花　间	625.30
4	三多乡	三　多	415.31
		楼　底	313.90
4		腰　西	438.40
4		克坡底	482.70
4		东庄坪	109.20
4		南垣头	380.10
4		岭　头	596.41
4		东　堡	428.10
4		川　庄	191.90
4		茨　岭	100.91
4		东南堡	598.30
4		鸣　啼	101.20
4		啊　龙	89.30
4		刘家庄	136.10
4		下则头	139.20
4		连　村	241.30
4		太　乡	303.50
4		马家窑	492.61
4		南　岭	204.10
4	太德乡	太　德	172.20
4		堡　村	294.17
4		扶　义	201.80
4		龙　吉	278.40

（续）

等　级	乡（镇）	村	面积（亩）
4		乌　落	241.78
4		茹　古	255.38
4		美　原	113.39
4		曹家庄	1 198.91
4	徐家垛乡	徐家垛	684.95
4		康　里	297.10
4		于家坡	362.90
4		芙　蓉	658.40
4		李家垛	805.13
4		花　崖	647.27
4		云　居	469.31
4		北桑峨	521.60
4		南桑峨	914.16
4		割　麦	637.51
4		任　堤	1 132.80
4		东　木	778.30
4		索　堤	693.70
4		乐　堂	927.60
4		岭　上	1 497.81
4	太古乡	太　古	829.30
4		仪　里	299.70
4		处　河	708.10
4		东　庄	1 132.40
4		坦　达	997.91
4		六儿岭	502.30
4		后　腰	381.40
总面积			47 449.65

（二）主要属性分析

该土地分布范围较大，土壤类型复杂，耕层土壤质地差异较大，为中壤、重壤，有效土层厚度为 150 厘米，耕层厚度平均为 10～20 厘米。土体构型为通体壤、夹黏、深黏。地面基本平坦，地面坡度 3°～10°，园田化水平较高。本级土壤 pH 为 7.97～8.52 之间，平均值为 8.2。

本级耕地土壤有平均机质平均含量为 10.78 克/千克；有效磷平均含量为 11.36 毫克/千克；速效钾平均含量为 149.68 毫克/千克；全氮平均含量为 0.71 克/千克；有效硼平均含量为 7.72 毫克/千克，有效铁平均含量为 5.80 毫克/千克；有效锌平均含量为 0.79 毫克/千克；有效锰平均含量为 7.72 毫克/千克，有效硫平均含量为 30.64 毫克/千克。详见表 4 - 10。

表 4 - 10　四级地土壤养分统计

项　目	平均值	最大值	最小值	标准差	变异系数（%）
有机质（克/千克）	11.39	36.88	6.99	1.41	0.12
有效磷（毫克/千克）	7.48	20.00	3.02	2.22	0.30
速效钾（毫克/千克）	164.75	330.67	86.82	33.42	0.20
pH	8.08	8.35	7.85	0.11	0.01
缓效钾（毫克/千克）	936.21	1 240.86	720.58	53.89	0.06
全氮（克/千克）	0.74	1.10	0.51	0.10	0.13
有效硫（毫克/千克）	24.44	93.34	6.36	8.55	0.35
有效锰（毫克/千克）	3.25	9.42	1.36	0.87	0.27
有效硼（毫克/千克）	0.47	0.83	0.13	0.17	0.35
有效铁（毫克/千克）	2.62	6.97	0.98	1.10	0.42
有效铜（毫克/千克）	0.61	1.30	0.24	0.20	0.33
有效锌（毫克/千克）	0.49	2.50	0.17	0.20	0.41

主要种植作物以小麦、杂粮为主。

（三）主要存在问题

一是干旱较为严重；二是本级耕地的中量元素硫偏低，微量元素的硼、铁、锌偏低，今后在施肥时应合理补充。

（四）合理利用

大力推广平衡施肥技术。中产田的养分失调，大大地限制了作物增产。因此，要在不同区域中低产田上，增施有机肥料，大力推广秸秆还田，提高土壤有机质含量，提高土壤团粒结构的含量，做到以肥调水，大力推广平衡施肥技术，进一步提高耕地的增产潜力。

五、五 级 地

（一）面积与分布

本级耕地面积 24 834.72 亩，占总耕地面积的 10.11%。见表 4 - 11。

表 4 - 11　五级地分布区域统计

等　级	乡（镇）	村	面积（亩）
5	昕水镇	城关村	85.41
5		小　冯	178.80
5		罗　曲	523.00
5		秀　岩	895.20
5		坡　角	645.47

（续）

等　级	乡（镇）	村	面积（亩）
5		史家坪	520.30
5		石　城	221.50
5		葛　口	284.10
5		吉　亭	393.50
5		古　乡	94.91
5		安　古	428.40
5		当　支	344.90
5		白　杜	520.05
5		而　吉	591.40
5		麦　留	205.50
5		杜　村	213.30
5	曲峨镇	曲　风	272.50
5		道　教	279.10
5		黑　城	311.70
5		甘　棠	124.91
5		白　村	233.90
5		支　角	349.42
5		杜　峨	198.11
5		堡　业	371.40
5		房　村	557.70
5		西南堡	99.80
5		内　史	241.40
5		榆　村	354.10
5		古　驿	292.30
5		杜　木	128.90
5		赤　奴	160.10
5		山　庄	100.80
5		花　间	469.10
5	三多乡	三　多	249.70
5		楼　底	198.20
5		腰　西	307.42
5		克坡底	203.10
5		东庄坪	98.30
5		南垣头	254.20
5		岭　头	697.83

（续）

等　级	乡（镇）	村	面积（亩）
5		东　堡	471.50
5		川　庄	204.80
5		茨　岭	84.50
5		东南堡	512.80
5		鸣　啼	169.40
5		啊　龙	49.10
5		刘家庄	224.32
5		下则头	164.50
5		连　村*	——
5		太　乡	126.10
5		马家窑	201.14
5		南　岭	315.30
5	太德乡	太　德	127.70
5		堡　村	351.40
5		扶　义	372.10
5		龙　吉	229.50
5		乌　落	329.51
5		茹　古	243.30
5		美　原	277.60
5		曹家庄	808.20
5	徐家垛乡	徐家垛	450.50
5		康　里	175.10
5		于家坡	198.19
5		芙　蓉	402.42
5		李家垛	395.51
5		花　崖	230.32
5		云　居	330.44
5		北桑峨	265.43
5		南桑峨	499.32
5		割　麦	280.11
5		任　堤	189.01
5		东　木	209.85

* 连村耕地数量未统计。

（续）

等　级	乡（镇）	村	面积（亩）
5		索　堤	212.13
5		乐　堂	254.15
5		岭　上	621.20
5	太古乡	太　古	388.02
5		仪　里	175.10
5		处　河	229.16
5		东　庄	491.72
5		坦　达	388.49
5		六儿岭	213.85
5		后　腰	272.20
总面积			24 834.72

（二）主要属性分析

该区域土壤耕层质地为中壤、重壤，有效土层厚度平均为 150 厘米，耕层厚度为 19.6 厘米，土体构型为深黏、夹黏，地势较平坦，地下水位深，有不同程度的淋溶作用，形成较明显的黏化层，土壤熟化程度高，保水保肥性强。pH 为 8.05～8.52，平均值为 8.3。

本级耕地土壤有平均机质平均含量 10.18 克/千克，有效磷平均含量为 10.05 毫克/千克，速效钾平均含量为 139.91 毫克/千克；全氮平均含量为 0.70 克/千克。见表 4 - 12。

表 4 - 12　五级地土壤养分统计

项　目	平均值	最大值	最小值	标准差	变异系数（％）
有机质（克/千克）	10.48	14.96	5.67	1.29	0.12
有效磷（毫克/千克）	5.77	9.06	2.53	1.15	0.20
速效钾（毫克/千克）	128.01	310.75	78.04	19.40	0.15
pH	8.03	8.32	7.85	0.12	0.01
缓效钾（毫克/千克）	941.65	1 120.23	740.51	48.25	0.05
全　氮（克/千克）	0.78	1.01	0.49	0.11	0.14
有效硫（毫克/千克）	23.05	66.73	8.24	8.77	0.38
有效锰（毫克/千克）	3.72	7.85	1.62	0.93	0.25
有效硼（毫克/千克）	0.37	0.93	0.13	0.17	0.45
有效铁（毫克/千克）	3.09	5.54	1.09	1.07	0.38
有效铜（毫克/千克）	0.68	1.11	0.28	0.20	0.29
有效锌（毫克/千克）	0.54	2.30	0.18	0.20	0.37

种植作物以小麦、杂粮为主。

（三）主要存在问题

耕地土壤养分中量、微量元素低，地下水位较深，干旱严重。

（四）合理利用

改良土壤，主要措施是除增施有机肥、秸秆还田外，还应种植苜蓿、豆类等养地作物，通过轮作倒茬，改善土壤理化性质；在施肥上除增加农家肥施用量外，应多施氮肥，平衡施肥，搞好土壤肥力协调，整修梯田，减少水土流失，培肥地力，建设高产基本农田。

第五章 中低产田类型分布及改良利用

第一节 中低产田类型及分布

中低产田是指存在各种制约农业生产的土壤障碍因素，产量相对低而不稳定的耕地。

通过对大宁县耕地地力状况的调查，根据土壤主导障碍因素的改良主攻方向，参照中华人民共和国农业部发布的行业标准 NY/T 310—1996、山西省耕地地力等级划分标准，结合大宁县实际，将全县中低产田划分为干旱灌溉改良型、坡地梯改型、瘠薄培肥型 3 个类型。中低产田总面积 235 561.6 亩，占总耕地面积的 95.39%。各类型面积情况见表5-1。

表5-1 大宁县中低产田各类型面积情况统计

类 型	面积（亩）	占总耕地面积（%）	占中低产田面积（%）
坡地梯改型	92 719.53	37.53	39.4
干旱灌溉改良型	59 387.19	24.05	25.2
瘠薄培肥型	83 454.88	33.81	35.4
合 计	235 561.6	95.39	100

一、坡地梯改型

坡地梯改型是指主导障碍因素为土壤侵蚀，以及与其相关的地形、地面坡度、土体厚度、土体构型与物质组成、耕作熟化层厚度与熟化程度等，需要通过修筑梯田埂等田间水保工程加以改良治理的坡耕地。

大宁县坡地梯改型中低产田面积为 92 719.53 亩，占总耕地面积的 37.53%，占中低产田面积的 39.4%。

二、干旱灌溉改良型

干旱灌溉改良型是指由于气候条件造成的降水不足或季节性出现不均，又缺少必要的调蓄手段，以及地形、土壤性状等方面的原因，造成的保水蓄水能力的缺陷，不能满足作物正常生长所需的水分需求，但又具备水源开发条件，可以通过发展灌溉加以改良的耕地。

大宁县灌溉改良型中低产田面积 59 387.19 亩，占总耕地面积的 24.05%，占中低产田面积的 25.2%。

三、瘠薄培肥型

瘠薄培肥型是指受气候、地形条件限制，造成干旱、缺水、土壤养分含量低、结构不良、投肥不足、产量低于当地高产农田，只能通过连年深耕、培肥土壤、改革耕作制度、推广旱农技术等长期性的措施逐步加以改良的耕地。

大宁县瘠薄培肥型中低产田面积为 83 454.88 亩，占总耕地面积的 33.81%，占中低产田面积的 35.4%。

第二节　生产性能及存在问题

一、坡地梯改型

该类型区地面坡度>10°，以中度侵蚀为主，园田化水平较低，土壤类型为褐土性土，土壤母质为洪积和黄土质母质，耕层质地为轻壤、中壤，质地构型有通体壤、壤夹黏，有效土层厚度大于 150 厘米，耕层厚度 18～20 厘米，地力等级多为 4～5 级。存在的主要问题是土质粗劣，水土流失比较严重，土体发育微弱，土壤干旱瘠薄、耕层浅。

二、干旱灌溉改良型

干旱灌溉改良型土壤有机质含量为 11.71 克/千克，全氮含量为 0.72 克/千克，有效磷含量为 6.42 毫克/千克，速效钾含量为 158.41 毫克/千克。见表 5-2。

表 5-2　大宁县中低产田土壤养分含量情况统计

类　型	有机质 （克/千克）	全　氮 （克/千克）	有效磷 （毫克/千克）	速效钾 （毫克/千克）
干旱灌溉型	11.447 908 09	0.698 457 476	12.038 134 43	153.245 347 7
瘠薄培肥型	11.009 802 08	0.704 688 542	11.248 020 83	156.275 491 7
坡地梯改型	11.028 154 36	0.755 238 255	13.349 748 32	162.829 045 3

三、瘠薄培肥型

该类型区域土壤轻度侵蚀或中度侵蚀，多数为旱耕地，高水平梯田和缓坡梯田居多，土壤类型是褐土性土，各种地形、各种质地均有，有效土层厚度>150 厘米，耕层厚度 22 厘米，地力等级为 5～6 级，耕层养分含量有机质 11.01 克/千克，全氮 0.70 克/千克，有效磷 6.02 毫克/千克，速效钾 156.28 毫克/千克。存在的主要问题是田面不平，水土流失严重，干旱缺水，土质粗劣，肥力较差。

第三节 改良利用措施

大宁县中低产田面积 235 561.6 亩，占现有耕地的 95.39%，严重影响大宁县农业生产的发展和农业经济效益，应因地制宜进行改良。

总体上讲，中低产田的改良、耕作、培肥是一项长期而艰巨的任务。通过工程、生物、农艺、化学等综合措施，消除或减轻中低产田土壤限制农业产量提高的各种障碍因素，提高耕地基础地力，其中耕作培肥对中低产田的改良效果是极其显著的。具体措施如下：

1. 施有机肥 增施有机肥，增加土壤有机质含量，改善土壤理化性状并为作物生长提供部分营养物质。据调查，有机肥的施用量达到每年 2 000～3 000 千克/亩，连续施用 3 年，可获得理想效果。主要通过秸秆还田和施用堆肥厩肥、人粪尿及禽畜粪便来实现。

2. 校正施肥 依据当地土壤实际情况和作物需肥规律选用合理配比，有效控制化肥不合理施用对土壤性状的影响，达到提高农产品品质的目的。

（1）巧施氮肥：速效性氮肥极易分解，通常施入土壤中的氮素化肥的利用率只有 25%～50%，或者更低。这说明施入土壤中的氮素，挥发渗漏损失严重。所以，在施用氮素化肥时一定注意施肥方法施肥量和施肥时期，提高氮肥利用率，减少损失。

（2）重施磷肥：本区地处黄土高原，属石灰性土壤。土壤中的磷常被固定，而不能发挥肥效。加上部分群众重氮轻磷，作物吸收的磷得不到及时补充。试验证明，在缺磷土壤上增施肥磷增产效果明显，可以增施人粪尿与骡马粪堆沤肥，其中的有机酸和腐殖酸能促进非水溶性磷的溶解，提高磷素的活力。

（3）因地施用钾肥：本区土壤中钾的含量虽然在短期内不会成为限制农业生产的主要因素，但随着农业生产进一步发展和作物产量的不断提高，土壤中的有效钾的含量也会处于不足状态，所在在生产中，应定期监测土壤中钾的动态变化，及时补充钾素。

（4）重视施用微肥：作物对微量元素肥料需要量虽然很小，但能提高产品产量和品质，有其他大量元素不可替代的作用。据调查，大宁县土壤硼、锌、锰、铁等含量均不高，近年来棉花施硼，玉米、小麦施锌试验，增产效果均很明显。

然而，不同的中低产田类型有其自身的特点，在改良利用中应针对这些特点，采取相应的措施，现分述如下：

一、坡地梯改型中低产田的改良利用

1. 梯田工程 此类地形区的深厚黄土层为修建水平梯田创造了条件。梯田可以减少坡长，使地面平整，变降水的坡面径流为垂直入渗，防止水土流失，增强土壤水分储备和抗旱能力，可采用缓坡修梯田，陡坡种林木，增加地面覆盖度。

2. 增加梯田土层及耕作熟化层厚度 新建梯田的土层厚度相对较薄，耕作熟化程度较低。梯田土层厚度及耕作熟化层厚度的增加是这类田地改良的关键。梯田土层厚度的一般标准为：土层厚大于 80 厘米，耕作熟化层大于 20 厘米，有条件的应达到土层厚大于

100 厘米，耕作熟化层厚度大于 25 厘米。

3. 农、林、牧并重　此类耕地今后的利用方向应是农、林、牧并重，因地制宜，全面发展。此类耕地应发展种草、植树，扩大林地和草地面积，促进养殖业发展，将生态效益和经济效益结合起来，如实行农（果）林复合农业。

二、干旱灌溉改良型中低产田的改良利用

田间工程及平整土地　一是平田整地；二是积极发展管灌、滴灌，提高水的利用率。

三、瘠薄培肥型中低产田的改良利用

1. 平整土地与条田建设　将平坦垣面及缓坡地规划成条田，平整土地，以蓄水保墒。有条件的地方，开发利用地下水资源和引水上垣，逐步扩大垣面水浇地面积。通过水土保持和提高水资源开发水平，发展粮果生产。

2. 实行水保耕作法　推广丰产沟田或者其他高耕作物及种植制度和地膜覆盖、生物覆盖等旱地农业技术，有效保持土壤水分，满足作物需求，提高作物产量。

3. 大力兴建林带植被　因地制宜地造林、种草与农作物种植有效结合，兼顾生态效益和经济效益，发展复合农业。

第六章 果园土壤质量状况及培肥对策

第一节 果园土壤质量状况

一、立地条件

大宁县果园主要分布于本县比较平坦的垣面和沟谷地，受暖温带半干旱大陆性季风气候的影响，春季温暖干旱，有利于土壤矿物质的氧化与聚集。夏季高温多雨，土地矿物质的分解与合成旺盛。秋季气温下降，冬季寒冷干燥。年平均气温 10.7℃，≥10℃ 积温为 3 851.7℃，降水量为 536.9 毫米。

大宁县果区大部分地势平坦，在季节性降水淋溶作用下，土壤中黏粒和碳酸钙淋溶淀积，土体中产生明显的黏化层和钙积层，土壤多为石灰性褐土和潮土。质地多为壤质土，土体结构良好，剖面中有 $CaCO_3$ 积聚，pH 为 7.8～8.1。

果园区日照日数较长，昼夜温差较大，有利于果实糖分积累，提高品质。

二、养分状况

果园土壤的养分状况直接影响水果的品质和产量，从而对果农收入造成一定的影响，果园土壤养分含量在果树生长发育过程中，有着重要的作用。对大宁县 50 个果园土壤采样点的土壤养分进行了分析（由于果用耕作管理，具有其自身的特殊性，在采样时尽量避开施肥区域），从分析结果可知，大宁县果园土壤总体养分含量中等偏下。

三、质量状况

大宁县果园土壤主要是黄土状褐土。土壤质地以壤土为主，也有部分黏壤质土和沙壤土。土壤表层疏松底层紧实，孔隙度较好，土壤含水量适中，土体较湿润。通体石灰反应较为强烈，呈微碱性。土壤耕性较好，保肥保水性能适中，肥力水平相对较好。

据对大宁县 50 个果园土壤点的养分含量分析显示，有机质含量为 7.3～23.4 克/千克，差别较大，全氮含量为 0.36～1.17 克/千克，含量较低，有效磷各点差异较大，速效钾含量相对较高，大部分果园土壤不缺钾。耕作管理的比较粗放。

根据对大宁县 50 个果园土壤点的环境质量调查发现，常年使用农药、化肥，经各种途径进入土壤，虽然土壤的各项污染因素均不超标，但存在潜在的威胁，要引起注意。

四、生产管理状况

(一) 施肥情况

提高水果产量、质量，培肥果园土壤，施肥是关键。经过对大宁县果园土壤养分基本情况的调查显示，50个点位施有机肥的有48个点，占调查点位的96%；其中有机、无机肥配合施用的有46个点，占调查点位的92%；单施无机化肥的有2个点，占调查点位的4%，没有单施有机肥和不施任何肥料的点位。大宁县50个调查点，平均施用有机肥1 550千克/亩，平均施用纯氮14千克/亩，平均施用五氧化二磷19.50千克/亩，平均施用氧化钾11.2千克/亩。不同区域施肥情况有所不同。

(二) 耕作管理情况

培肥果园土壤、耕作管理措施也是不可缺少的环节。

从所调查的50个土壤点位来看，管理水平好的有32个点，占调查点位的64%，管理水平中等的有16个点，占调查点位的32%，管理水平较差的有2个点，占调查点位的4%。

五、主要存在问题

经调查发现，大宁县果园土壤在施肥和耕作方面有许多不足，主要存在问题如下：

1. 不重视有机肥的施用　由于化肥的快速发展，牲畜饲养量的减少，在优质有机肥先满足瓜菜等作物的情况下，果树施用的有机肥严重不足。据调查，大宁县果园土壤平均亩施有机肥为1 550千克，优质有机肥的施用量则更少。虽然近2年加大了秸秆的还田量，但在部分地区仍未得到重视，再加之其肥效缓慢，仍不能满足果树生长的需要。有机肥的增施可以提高土壤团粒结构，改善土壤的通气透水性，保水、保肥和供肥性能。根据调查情况可以看出，不施用或施用较少有机肥的果园，土壤板结，果色、果味都相对较差，甚至出现果树病害。

2. 化肥施用配比不当　由于果农对化肥及有机肥的了解不够，以致出现了盲目施肥现象。调查中发现，施肥中的氮、磷、钾等养分比例不当。根据果树的需肥规律，每生产50千克果实需要氮、磷、钾配比分别为：苹果$1:0.3\sim0.5:1\sim1.3$；梨$1:0.7\sim1.3:0.9\sim1.2$，而调查结果$N:P_2O_5:K_2O$为$1:1:0.5$，而部分果园的施用配比更不科学，而且有不少肥料浪费现象。

3. 微量元素肥料施用量不足　调查发现，在果园微量元素肥料的施用上，施用面积和施用量都少。而且施用时期掌握不好，往往是在出现病症后补施，或是在防治病虫害过程中，施用掺杂有微量元素的复合农药剂。此外，由于氮、磷等元素的盲目施用，致使土壤中元素间拮抗现象增强，影响微量元素的有效性。

4. 灌溉耕作管理缺乏科学合理性　由于果农的果业技术素质比较低，对科学管理重视不够，在灌溉耕作方面的科学合理性严重缺乏。灌溉时间不合理，往往是在土壤严重缺水时才灌溉。灌溉量不科学，有的果园水量不足，有的则过量灌水，造成资源浪费。耕作上改善土壤理化性状和土壤的保水保肥性能方面缺乏有效措施。

第二节 果园土壤培肥

根据当地立地条件,果园土壤养分状况分析结果,按照果树的需肥规律和土壤改良原则,结合今后果业发展方向以及市场对果品质量的高标准要求,建议培土措施如下:

一、增施土壤有机肥,尤其是优质有机肥

一个优质果园要求土壤有机质含量在15克/千克以上,大宁县大多数果园土壤有机质含量在10克/千克左右,甚至更低,势必影响大宁县果品质量和经济效益。由于果农习惯速效性化肥的使用,而不重视有机肥的使用,造成树体虚,单产低,品质差。所以,应增加有机肥的使用量。一般果园每年应施优质有机肥2 500千克左右,低产果园或高产果园以及土壤有机肥含量低于10.0克/千克的果园,每年应亩施优质有机肥3 000~5 000千克。在施用有机肥的同时,配以适量氮、磷肥,效果更佳,一方面减少磷素被土壤的固定;另一方面促进有机肥中各养分的转化,以满足果树生长的需求,提高果园土壤养分储量,促进果园土壤肥力可持续发展。积极推广果园行间沟埋农作物秸秆培肥技术,提高土壤有机质含量。除此之外,提倡果农走种养结合的道路,在果树行种草,一年内刈割2~3次,覆盖于树盘或树行内,或作为饲料养家畜,家畜制造优质有机肥,这样既能提高土壤肥力,又能增加养殖业效益。特别是有机质、全氮含量较低的地区和高产果园一定要在重视有机肥投入的同时,搞好生物覆盖,适宜本县果园种植的草种有鸭茅草、百脉根、白三叶等。

二、合理调整化肥施用比例和用量

根据果园土壤养分状况、施肥状况、果园施肥与土壤养分的关系,以及果园土壤培肥试验结果,结合果树施肥规律,提出相应的施肥比例和用量,以苹果为例,一般条件下,20~30年生,株产225千克果实的苹果树,每年从土壤中吸收纯氮498.6克、磷38.25克、钾728.55克。可以看出,盛果期苹果树年生产50千克果实,一般一年从土壤中吸收纯氮102.9~110.8克、磷8.5~17.03克、钾114.56~161.9克。试验证明,盛果期大树每生产50千克果实,施氮560克、磷240克、钾500克,可以保持高产、稳产。中低山区和丘陵区应在加强氮、磷、钾合理配比的基础上,重视微量元素肥料的合理施用,特别是锌肥的使用。

三、增施微量元素肥料

果园土壤微量元素含量居中等水平,再加上土壤中各元素间的拮抗作用,在果树生产中存在微量元素缺乏症状。所以,高产果园以及土壤中微量元素较低的果园要在合理施用

大量元素肥料的同时，注意施用微量元素肥料，一般果园以喷施为主，高产果园最好 2 年或 3 年每亩底施硼肥或锌肥 1.5～2.0 千克，同时在果树生产期喷施氨基酸类叶面肥，以提高果树的抗逆性能，改善果实品质，提高果实产量。注意叶面喷施不能代替土壤施肥，只是土壤施肥的辅助措施。

四、合理的施肥方法和施肥时期

果园土壤施肥应根据果树的生长特点、需肥规律及各种肥料的特性，确定合适的施肥时期和方法。果园土壤的施肥分基肥、追肥和根外追肥三种方式。基肥以有机肥为主，一般包括腐殖酸类肥料、堆肥、厩肥、圈肥、秸秆肥等，根据经验，基肥以秋施为好，早秋施比晚秋或初冬施为好，这样有利于果树对肥料养分的吸收，基肥发挥肥效平稳而缓慢。追肥是果树需肥的必要补充，追肥以化肥为主，肥效迅速，追肥主要在萌芽期、花后、果实膨大和花芽分花期及果实膨大后期等时期。然而追肥次数不能过多，否则将造成肥料浪费。根外追肥是微量元素肥料施用的主要方法，根外追肥要慎重选用适当的肥料种类、浓度和喷施时间，以免肥害。喷施时间最好选择在阴天或晴天早晨或傍晚，应注意：一是肥料应施在根系密集层，否则根系不能正常吸收养分；二是旱地果树施用化肥，不能过于集中，以免根害；三是氮肥应分别在果树生长的萌芽、果实膨大期和秋梢停止生长以后施入土壤，最好与灌水相结合，防止氮素损失。

五、科学的灌溉和耕作管理措施

果园灌水要根据果树一年中各物候时期生理活动对水分的要求、气候特点和土壤水分的变化情况而定，果园灌水一般在萌芽至花前、春梢生长期、果实膨大期和灌越冬期水。灌水量不宜过大或过小，一般以田间最大持水量的 60% 作为灌溉指标。适宜的灌水量，不仅能提高果实产量和品质，而且可以改善土壤的通气透水性，可以促进土壤养分的有效化，也可改善土壤理化性状。

果园土壤的耕作，应注意耕翻和中耕除草，深耕可以改善根系分布层土壤的结构和理化性状，促进团粒结构的形成，降低土壤容重，增加孔隙度，提高土壤蓄水保肥能力和透气性，中耕的主要目的在于清除杂草，保持土壤疏松，减少水分、养分的散失和消耗。

第七章 耕地地力调查与质量评价的应用研究

第一节 耕地资源合理配置研究

一、耕地数量平衡与人口发展配置研究

大宁县人多地少，耕地后备资源不足。从耕地保护形势看，由于大宁县农业内部产业结构调整，退耕还林，山庄撂荒、公路、乡镇企业基础设施等非农建设占用耕地，导致耕地面积逐年减少，人地矛盾出现严重危机。从大宁县人民的生存和经济可持续发展的高度出发，采取措施，实现大宁县耕地总量动态平衡刻不容缓。

实际上，大宁县扩大耕地总量仍有很大潜力，只要合理安排，科学规划，集约利用，就完全可以兼顾耕地与建设用地的要求，实现社会经济的全面、持续发展；从控制人口增长，村级内部改造和居民点调整，退宅还田，开发复垦土地后备资源和废弃地等方面着手增大耕地面积。

二、耕地地力与粮食生产能力分析

（一）耕地粮食生产能力

耕地生产能力是决定粮食产量的决定因素之一。近年来，由于种植结构调整和建设用地，退耕还林还草等因素的影响，粮食播种面积在不断减少，而人口在不断增加，对粮食的需求量也在增加。保证大宁县粮食需求，挖掘耕地生产潜力已成为农业生产中的大事。

耕地的生产能力是由土壤本身肥力作用所决定的，其生产能力分为现实生产能力和潜在生产能力。

1. 现实生产能力 大宁县现有耕地面积为 24.7 万亩（包括已退耕还林及园林面积），而中低产田就有 23.56 万亩之多，占总耕地面积的 95.39%，而且大部分为旱地。这必然造成大宁县现实生产能力偏低的现状。再加之农民对施肥，特别是有机肥的忽视，以及耕作管理措施的粗放，这都是造成耕地现实生产能力不高的原因。

目前，大宁县土壤有机质含量平均为 11.46 克/千克，全氮平均含量为 0.77 克/千克，有效磷含量平均为 12.46 毫克/千克，速效钾平均含量为 153.9 毫克/千克。

2. 潜在生产能力 生产潜力是指在正常的社会秩序和经济秩序下所能达到的最大产量。从历史的角度和长期的利益来看，耕地的生产潜力是比粮食产量更为重要的粮食安全因素。

纵观大宁县近年来的粮食、油料作物、蔬菜的平均亩产量和农民对耕地的经营状况，大宁县耕地还有巨大的生产潜力可挖。如果在农业生产中加大有机肥的投入，采取平衡施肥措施和科学合理的耕作技术，大宁县耕地的生产能力还可以提高。从近几年大宁县对小麦、玉米苹果平衡施肥观察点经济效益的对比来看，平衡施肥区较习惯施肥区的增产率都在 20% 左右，甚至更高。如果能进一步提高农业投入比重，提高劳动者素质，下大力气加强农业基础建设，特别是农田水利建设，稳步提高耕地综合生产能力和产出能力，实现农林牧的结合就能增加农民经济收入。

（二）不同时期人口、食品构成粮食需求分析预测

农业是国民经济的基础，粮食是关系国计民生和国家自立与安全的特殊产品。从新中国成立初期到现在，大宁县人口数量、食品构成和粮食需求都在发生着巨大变化。新中国成立初期居民食品构成主要以粮食为主，也有少量的肉类食品，水果、蔬菜的比重很小。随着社会进步，生产的发展，人民生活水平逐步提高。到 20 世纪 80 年代初，居民食品构成依然以粮食为主，但肉类、禽类、油料、水果、蔬菜等的比重均有了较大提高。到 2010 年，大宁县人口增至 11.9 万，居民食品构成中，粮食所占比重有明显下降，肉类、禽蛋、水产品、豆制品、油料、水果、蔬菜、食糖却都占有相当比重。

大宁县粮食生产还存在着巨大的增长潜力。随着资本、技术、劳动投入、政策、制度等条件的逐步完善，大宁县粮食的产出与需求平衡，终将成为现实。

（三）粮食安全警戒线

粮食是人类生存和社会发展最重要的产品，是具有战略意义的特殊商品，粮食安全不仅是国民经济持续健康发展的基础，也是社会安定、国家安全的重要组成部分。今年世界粮食危机已给一些国家经济发展和社会安定造成一定不良影响，近年来，随着农资价格上涨，种粮效益低等因素影响，农民种粮积极性不高，大宁县粮食单产徘徊不前。所以，必须对大宁县的粮食安全问题给予高度重视。

2010 年大宁县的人均粮食占有量为 385.6 千克，而当前国际公认的粮食安全警戒线标准为年人均 400 千克。相比之下，两者的差距值得深思。

三、耕地资源合理配置意见

在确保粮食生产安全的前提下，优化耕地资源利用结构，合理配置其他作物占地比例。为确保粮食安全需要，对大宁县耕地资源进行如下配置：大宁县现有 24.7 万亩耕地中，其中 15 万亩用于种植粮食，以满足大宁县人口粮食需求，其余 9.57 万亩耕地用于蔬菜、水果、中药材、烟草、油料等作物生产。

根据《土地管理法》和《基本农田保护条例》划定大宁县基本农田保护区，将水利条件、土壤肥力条件好，自然生态条件适宜的耕地划为口粮和国家商品粮生产基地，长期不许占用。在耕地资源利用上，必须坚持基本农田总量平衡的原则。一是建立完善的基本农田保护制度，用法律保护耕地；二是明确各级政府在基本农田保护中的责任，严控占用保护区内耕地，严格控制城乡建设用地；三是实行基本农田损失补偿制度，实行谁占用、谁补偿的原则；四是建立监督检查制度，严厉打击无证经营和乱占耕地的单位和个人；五是

建立基本农田保护基金，县政府每年投入一定资金用于基本农田建设，大力挖潜存量土地；六是合理调整用地结构，用市场经营利益导向调控耕地。

同时，在耕地资源配置上，要以粮食生产安全为前提，以农业增效、农民增收的目标，逐步提高耕地质量，调整种植业结构推广优质农产品，应用优质高效，生态安全栽培技术，提高耕地利用率。

第二节　耕地地力建设与土壤改良利用对策

一、耕地地力现状及特点

耕地质量包括耕地地力和土壤环境质量两个方面，此次调查与评价共涉及耕地土壤点位 3 500 个，果园点位 50 个。经过历时两年的调查分析，基本查清了全区耕地地力现状与特点。

通过对大宁县土壤养分含量的分析得知：大宁县土壤以壤质土为主，有机质平均含量为 11.46 克/千克；全氮平均含量为 0.77 克/千克；有效磷平均含量为 12.46 毫克/千克；速效钾平均含量为 153.9 毫克/千克。

（一）耕地土壤养分含量不断提高

耕地土壤：从这次调查结果看，大宁县耕地土壤有机质含量为 11.46 克/千克，与第二次土壤普查的 10.96 克/千克相比提高了 0.5 克/千克；全氮平均含量为 0.77 克/千克，与第二次土壤普查的 0.63 克/千克相比提高了 0.14 克/千克；有效磷平均含量为 12.46 毫克/千克与第二次土壤普查的 3.7 毫克/千克相比提高了 8.76 毫克/千克；速效钾平均含量为 153.9 毫克/千克，与第二次土壤普查的平均含量 110.0 毫克/千克相比提高了 43.91 毫克/千克。

（二）耕作历史悠久，土壤熟化度高

据史料记载，早年尧舜时代就已是农业区域，后稷曾在此教民行稼穑，农业历史悠久，土质良好，加以多年的耕作培肥，土壤熟化程度高。据调查，有效土层厚度平均达150 厘米以上，耕层厚度为 19～25 厘米，适种作物广，生产水平高。

二、存在主要问题及原因分析

（一）中低产田面积较大

据调查，大宁县共有中低产田面积 23.56 万亩，占耕地总面积 95.39％。按主导障碍因素，共分为坡地梯改型、干旱灌溉改良型和瘠薄培肥型三大类型，其中坡地梯改型9.27 万亩，干旱灌溉改良型 5.95 万亩，瘠薄培肥型 8.34 万亩。

中低产田面积大，类型多。主要原因：一是自然条件恶劣。大宁县地形复杂，山、川、沟、垣、塬俱全，水土流失严重；二是农田基本建设投入不足，中低产田改造措施不力；三是农民耕地施肥投入不足，尤其是有机肥施用量仍处于较低水平。

（二）耕地地力不足，耕地生产率低

大宁县耕地虽然经过排、灌、路、林综合治理，农田生态环境不断改善，耕地单产、总产呈现上升趋势，但近年来，农业生产资料价格一再上涨，农业成本较高，甚至出现种粮赔本现象，大大挫伤了农民种粮的积极性。一些农民通过增施氮肥取得产量，耕作粗放，结果致使土壤结构变差，造成土壤养分恶性循环。

（三）施肥结构不合理

作物每年从土壤中带走大量养分，主要是通过施肥来补充。因此，施肥直接影响到土壤中各种养分的含量。近几年在施肥上存在的问题，突出表现在"三重三轻"：第一，重特色产业，轻普通作物；第二，重复混肥料，轻专用肥料。随着我国化肥市场的快速发展，复混（合）肥异军突起，其应用对土壤养分的变化也有影响，许多复混（合）肥杂而不专，农民对其依赖性较大，而对于自己所种作物需什么肥料，土壤缺什么元素，底子不清，导致盲目施肥；第三，重化肥使用，轻有机肥使用。近些年来，农民将大部分有机肥施于菜田，特别是优质有机肥，而占很大比重的耕地有机肥却施用不足。

三、耕地培肥与改良利用对策

（一）多种渠道提高土壤肥力

1. 增施有机肥，提高土壤有机质　近年来，由于农家肥来源不足和化肥的发展，大宁县耕地有机肥施用量不够。可以通过以下措施加以解决。一是广种饲草，增加畜禽，以牧养农；二是大力种植绿肥，种植绿肥是培肥地力的有效措施，可以采用粮肥间作或轮作制度；三是大力推广秸秆还田，是目前增加土壤有机质最有效的方法。

2. 合理轮作，挖掘土壤潜力　不同作物需求养分的种类和数量不同，根系深浅不同，吸收各层土壤养分的能力不同，各种作物遗留残体成分也有较大差异。因此，通过不同作物合理轮作倒茬，保障土壤养分平衡。要大力推广粮、棉轮作，粮、油轮作，玉米、大豆立体间套作，小麦、大豆轮作等技术模式，实现土壤养分协调利用。

（二）巧施氮肥

速效性氮肥极易分解，通常施入土壤中的氮素化肥的利用率只有 25%～50%，或者更低。这说明施土壤中的氮素，挥发渗漏损失严重。所以，在施用氮肥时一定注意施肥量施肥方法和施肥时期，提高氮肥利用率，减少损失。

（三）重施磷肥

大宁县地处黄土高原，属石灰性土壤，土壤中的磷常被固定，而不能发挥肥效。加上长期以来群众重氮轻磷，作物吸收的磷得不到及时补充。试验证明，在缺磷土壤上增施磷肥增产效果明显，可以增施人粪尿、畜禽肥等有机肥，其中的有机酸和腐殖酸促进非水溶性磷的溶解，提高磷素的活力。

（四）因地施用钾肥

大宁县土壤中钾的含量虽然在短期内不会成为限制农业生产的主要因素，但随着农业生产进一步发展和作物产量的不断提高，土壤中有效钾的含量也会处于不足状态，所以在生产中，定期监测土壤中钾的动态变化，及时补充钾素。

（五）重视施用微肥

微量元素肥料，作物的需要量虽然很少，但对提高产品产量和品质、却有大量元素不可替代的作用。据调查，大宁县土壤硼、锌、铁等含量均不高，近年来棉花施硼，玉米施锌和小麦施锌试验，增产效果很明显。

（六）因地制宜，改良中低产田

大宁县中低产田面积比较大，影响了耕地地力水平。因此，要从实际出发，分类配套改良技术措施，进一步提高大宁县耕地地力质量。

四、成果应用

2009 年，在太德乡建立了万亩玉米测土配方施肥示范区 1 个；在三多乡建立了千亩玉米测土配方施肥示范区 1 个；在昕水镇建立了百亩玉米测土配方施肥示范区 1 个。玉米生育期间，风调雨顺，长势良好，示范田平均亩产达 557.5 千克，比常规施肥区平均亩增产 57 千克，增 11.4％。2009 年，在太德、三多、昕水等乡（镇）建立了 10 个百亩示范方，5 个千亩示范片，2 个万亩示范区。由于雨量充足，无明显自然灾害，而且在示范区使用配方肥，使用优良品种，田间管理及时，小麦示范区平均亩产达 172.3 千克，比常规施肥区平均亩增产 20.8 千克，增 13.5％；玉米示范区平均亩产达 612.5 千克，比常规施肥区平均亩增产 64.5 千克，增 11.8％。2010 年在麦留村、安古村、美垣村、茹古村、东堡村、南堡村、支角村、上房村、割麦村、康里村、太古村、坦达等村建立了 24 个村级示范方，玉米村级示范方平均亩产达 625.3 千克，比常规施肥区平均亩增产 74.8 千克，增 13.5％，起到了辐射带动和展示测土配方施肥技术的作用，充分显示了测土配方施肥节本增效的作用。

第三节　农业结构调整与适宜性种植

近些年来，大宁县农业的发展和产业结构调整工作取得了突出的成绩，但干旱胁迫严重，土壤肥力有所减退，抗灾能力薄弱，生产结构不良等问题，仍然十分严重。因此，为适应 21 世纪我国农业发展的需要，增强本县优势农产品参与国际市场竞争的能力，有必要进一步对本县的农业结构现状进行战略性调整，从而促进大宁县高效农业的发展，实现农民增收。

一、农业结构调整的原则

为适应我国社会主义农业现代化的需要，在调整种植业结构中，遵循下列原则：

一是以国际农产品市场接轨，以增强大宁县农产品在国际、国内经济贸易的竞争力为原则。

二是以充分利用不同区域的生产条件、技术装备水平及经济基地条件，达到趋利避害，发挥优势的调整原则。

三是以充分利用耕地评价成果，正确处理作物与土壤间、作物与作物间的合理调整为原则。

四是采用耕地资源管理信息系统，为区域结构调整的可行性提供宏观决策与技术服务的原则。

五是保持行政村界线的基本完整的原则。

根据以上原则，在今后一般时间内将紧紧围绕农业增效、农民增收这个目标，大力推进农业结构战略性调整，最终提升农产品的市场竞争力，促进农业生产向区域化、优质化、产业化发展。

二、农业结构调整的依据

通过本次对全区种植业布局现状的调查，综合验证，认识到目前的种植业布局还存在许多问题，需要在区域内部加大调整力度，进一步提高生产力和经济效益。

根据此次耕地质量的评价结果，安排全区的种植业内部结构调整，应依据不同地貌类型耕地综合生产能力和土壤环境质量两方面的综合考虑，具体为：

一是按照不同地貌类型，因地制宜规划，在布局上做到宜农则农，宜林则林，宜牧则牧。

二是按照耕地地力评价出 1～7 个等级标准，在各个地貌单元中所代表面积的数值衡量，以适宜作物发挥最大生产潜力来分布，做到高产高效作物分布在 1～2 级耕地为宜，中低产田应在改良中调整。

三、土壤适宜性及主要限制因素分析

大宁县土壤因成土母质不同，土壤质地也不一致，发育在黄土及黄土状母质上的土壤质地多是较轻而均匀的壤质土，心土及底土层为黏土。总的来说，大宁县的土壤大多为壤质，沙黏含量比较适合，在农业上是一种质地理想的土壤，其性质兼有沙土和黏土之优点，而克服了沙土和黏土之缺点，它既有一定数量的大孔隙，还有较多的毛管孔隙，故通透性好，保水保肥性强，耕性好，宜耕期长，好抓苗，发小苗又养老苗。

因此，综合以上土壤特性，大宁县土壤适宜性强，小麦、玉米、甘薯等粮食作物及经济作物，如蔬菜、西瓜、药材、苹果等都适宜本县种植。

但种植业的布局除了受土壤质地作用外，还要受到地理位置、水分条件等自然因素和经济条件的限制，在山地、丘陵等地区，由于此地区沟壑纵横，土壤肥力较低，土壤较干旱，气候凉爽，农业经济条件也较为落后。因此，要在管理好现有耕地的基础上，将智力、资金和技术逐步转移到非耕地的开发上，大力发展林、牧业，建立农、林、牧结合的生态体系，使其成林、牧产品生产基地。

在种植业的布局中，必须充分考虑到各地的自然条件、经济条件，合理利用自然资源，对布局中遇到的各种限制因素，应考虑到它影响的范围和改造的可行性，合理布局生产，最大限度地、持久地发掘自然的生产潜力，做到地尽其力。

四、农业远景发展规划

大宁县农业的发展，应进一步调整和优化农业结构，全面提高农产品品质和经济效益，建立和完善大宁县耕地质量管理信息系统，随时服务布局调整，从而有力促进大宁县农村经济的快速发展。现根据各地的自然生态条件、社会经济技术条件，特提出今后发展规划如下：

一是大宁县粮食占有耕地 20 万亩，复种指数达到 1.4，集中建立 10 万亩国家优质玉米生产基地。

二是实施无公害大棚蔬菜生产基地，到 2015 年优质番茄、辣椒等蔬菜基地发展到 1 万亩，优质桃、苹果、杏、枣、葡萄等果业发展到 15 万亩，全面推广绿色蔬菜、果品生产操作规程，配套建设一个储藏、包装、加工、质量检测、信息等设施完备的果品批发市场。

三是集中精力发展牧草养殖业，重点发展圈养牛、羊，力争发展牧草 2 万亩。

综上所述，面临的任务是艰巨的，困难也是很大的。所以，要下大力气克服困难，努力实现既定目标。

第四节　耕地质量管理对策

耕地地力调查与质量评价成果为大宁县耕地质量管理提供了依据，耕地质量管理决策的制定，成为大宁县农业可持续发展的核心内容。

一、建立依法管理体制

（一）工作思路

以发展优质高效、生态、安全农业为目标，以耕地质量动态监测管理为核心，以土壤地力改良利用为重点，通过农业种植业结构调查，合理配置现有农业用地，逐步提高耕地地力水平，满足人民日益增长的农产品需求。

（二）建立完善行政管理机制

1. 制订总体规划　坚持"因地制宜、统筹兼顾，局部调整、挖掘潜力"的原则，制订大宁县耕地地力建设与土壤改良利用总体规划，实行耕地用养结合，划定中低产田改良利用范围和重点，分区制定改良措施，严格统一组织实施。

2. 建立以法保障体系　制定并颁布《大宁县耕地质量管理办法》，设立专门监测管理机构，县、乡、村三级设定专人监督指导，分区布点，建立监控档案，依法检查污染区域项目治理工作，确保工作高效到位。

3. 加大资金投入　县政府要加大资金支持，县财政每年从农发资金中列支专项资金，用于大宁县中低产田改造和耕地污染区域综合治理，建立财政支持下的耕地质量信息网络，推进工作有效开展。

（三）强化耕地质量技术实施

1. 提高土壤肥力　组织县、乡农业技术人员实地指导，组织农户合理轮作，平衡施肥，安全施药、施肥，推广秸秆还田、种植绿肥、施用生物菌肥，多种途径提高土壤肥力，降低土壤污染，提高土壤质量。

2. 改良中低产田　实行分区改良，重点突破。灌溉改良区重点抓好灌溉配套设施的改造、节水浇灌、挖潜增灌、引黄扩灌、扩大浇水面积，丘陵、山区中低产区要广辟肥源，深耕保墒，轮作倒茬，粮草间作，扩大植被覆盖率，修整梯田，达到增产增效目标。

二、建立和完善耕地质量监测网络

随着大宁县工业化进程的不断加快，工业污染日益严重，在重点工业生产区域建立耕地质量监测网络已迫在眉睫。

1. 设立组织机构　耕地质量监测网络建设，涉及环保、土地、水利、经贸、农业等多个部门，需要县政府协调支持，成立依法行政管理机构。

2. 配置监测机构　由县政府牵头，各职能部门参与，组建县耕地质量监测领导组，在县环保局下设办公室，设定专职领导与工作人员，建立企业治污工程体系，制定工作细则和工作制度，强化监测手段，提高行政监测效能。

3. 加大宣传力度　采取多种途径和手段，加大《环保法》宣传力度，在重点排污企业及周围乡村印刷宣传广告，大力宣传环境保护政策及科普知识。

4. 监测网络建立　在大宁县依据这次耕地质量调查评价结果，划定安全、非污染、轻污染、中度污染、重污染五大区域，每个区域确定 10～20 个点，定人、定时、定点取样监测检验，填写污染情况登记表，建立耕地质量监测档案。对污染区域的污染源，要查清原因，由县耕地质量监测机构依据检测结果，强制企业污染限期限时达标治理。对未能限期达标企业，一律实行关停整改，达标后方可生产。

5. 加强农业执法管理　由县农业、环保、质检行政部门组成联合执法队伍，宣传农业法律知识，对市场化肥、农药实行市场统一监控、统一发布，将假冒农用物资一律依法查封销毁。

6. 改进治污技术　对不同污染企业采取烟尘、污水、污碴分类科学处理转化。对工业污染河道及周围农田，采取有效物理、化学降解技术，降解铅、镉及其他重金属污染物，并在河道两岸 50 米栽植花草、林木，净化河水，美化环境；对化肥、农药污染农田，要划区治理，积极利用农业科研成果，组成科技攻关组，引试降解剂，逐步消解污染物。

7. 推广农业综合防治技术　在增施有机肥降解大田农药、化肥及垃圾废弃物污染的同时，积极宣传推广微生物菌肥，以改善土壤的理化性状，改变土壤溶液酸碱度，改善土壤团粒结构，减轻土壤板结，提高土壤保水、保肥性能。

三、农业政策与耕地质量管理

目前，农业改革政策的出台必将极大调整农民粮食生产积极性，成为耕地质量恢复与提高的内在动力，对大宁县耕地质量的提高具有以下几个作用：

1. 加大耕地投入，提高土壤肥力 目前，大宁县丘陵面积大，中低产田分布区域广，粮食生产能力较低。农业政策的落实有利于提高单位面积耕地养分投入水平，逐步改善土壤养分含量，改善土壤理化性状，提高土壤肥力，保障粮食产量恢复性增长。

2. 改进农业耕作技术，提高土壤生产性能 农民积极性的调动，成为耕地质量提高的内在动力，将促进农民平田整地，耙耱保墒，加强耕地机械化管理，缩减中低产田面积，提高耕地地力等级水平。

3. 采用先进农业技术，增加农业比较效益 采取有机旱作农业技术，合理优化适栽技术，加强田间管理，节本增效，提高农业比较效益。

农民以田为本，以田谋生，农业政策出台以后，土地属性发生变化，农民由有偿支配变为无偿使用，成为农民家庭财富的一部分，对农民增收和国家经济发展将起到积极的推动作用。

四、扩大无公害农产品生产规模

在国际农产品质量标准市场一体化的形势下，扩大大宁县无公害农产品生产成为满足社会消费需求和农民增收的关键。

（一）理论依据

综合评价结果，耕地和果园均无污染，适合生产无公害农产品，适宜发展绿色农业生产。

（二）扩大生产规模

在大宁县发展绿色无公害农产品，扩大生产规模，要根据耕地地力调查与质量评价结果为依据，充分发挥区域比较优势，合理布局，规模调整。一是粮食生产上，在大宁县发展 10 万亩无公害优质玉米；二是在蔬菜生产上，发展无公害大棚蔬菜 1 万亩；三是在水果生产上，发展无公害水果 15 万亩。

（三）配套管理措施

1. 建立组织保障体系 设立大宁县无公害农产品生产领导组，下设办公室，地点在县农委。组织实施项目列入县政府工作计划，单列工作经费，由县财政负责执行。

2. 加强质量检测体系建设 成立县级无公害农产品质量检验技术领导组，县、乡下设两级监测检验的网点，配备设备及人员，制定工作流程，强化监测检验手段，提高检测检验质量，及时指导生产基地技术推广工作。

3. 制定技术规程 组织技术人员制定大宁县无公害农产品生产技术操作规程，重点抓好平衡施肥，合理施用农药，细化技术环节，实现标准化生产。

4. 打造绿色品牌 重点实施好无公害苹果等生产。

五、加强农业综合技术培训

自 20 世纪 80 年代起，大宁县就建立起县、乡、村三级农业技术推广网络。县农业技术推广中心牵头，搞好技术项目的组织与实施，负责划区技术指导，行政村配备 1 名科技副村长，在大宁县设立农业科技示范户。先后开展了小麦、苹果、中药材、甘薯等优质高产高效生产技术培训，推广了旱作农业、生物覆盖、小麦地膜覆盖、双千创优工程及设施蔬菜"四位一体"综合配套技术。

现阶段，大宁县农业综合技术培训工作一直保持领先，有机旱作、测土配方施肥、节水灌溉、生态沼气、无公害蔬菜生产技术推广已取得明显成效。充分利用这次耕地地力调查与质量评价，主抓以下几方面技术培训：

①宣传加强农业结构调整与耕地资源有效利用的目的及意义。

②大宁县中低产田改造和土壤改良相关技术推广。

③耕地地力环境质量建设与配套技术推广。

④绿色无公害农产品生产技术操作规程。

⑤农药、化肥安全施用技术培训。

⑥农业法律、法规、环境保护相关法律的宣传培训。

通过技术培训，使大宁县农民掌握必要的知识与生产实行技术，推动耕地地力建设，提高农业生态环境、耕地质量环境的保护意识，发挥主观能动性，不断提高大宁县耕地地力水平，以满足日益增长的人口和物资生活需求，为全面建设小康社会打好农业发展基础平台。

第五节　耕地资源管理信息系统的应用

耕地资源信息系统以一个县行政区域内耕地资源为管理对象，应用 GIS 技术，对辖区内的地形、地貌、土壤、土地利用、农田水利、土壤污染、农业生产基本情况、基本农田保护区等资料进行统一管理，构建耕地资源基础信息系统，并将其数据平台与各类管理模型结合，对辖区内的耕地资源进行系统的动态管理，为农业决策、农民和农业技术人员提供耕地质量动态变化规律、土壤适宜性、施肥咨询、作物营养诊断等多方位的信息服务。

本系统行政单元为村，农业单元为基本农田保护块，土壤单元为土种，系统基本管理单元为土壤、基本农田保护块、土地利用现状叠加所形成的评价单元。

一、领导决策依据

这次耕地地力调查与质量评价直接涉及耕地自然要素、环境要素、社会要素及经济要素四个方面，为耕地资源信息系统的建立与应用提供了依据。通过大宁县生产潜力评价、适宜性评价、土壤养分评价、科学施肥、经济性评价、地力评价及产量预测，及时指导农业生产的发展，为农业技术推广应用作好信息发布，为用户需求分析及信息反馈打好基础。主要依据：一是大宁县耕地地力水平和生产潜力评估为农业远期规划和全面建设小康社会提供了保障；二是耕地质量综合评价，为领导提供了耕地保护和污染修复的基本思路，为建立和完善耕地质量检测网络提供了方向；三是耕地土壤适宜性及主要限制因素分析为大宁县农业调整提供了依据。

二、动态资料更新

这次大宁县耕地地力调查与质量评价中，耕地土壤生产性能主要包括地形部位、土体构型较稳定的物理性状、易变化的化学性状、农田基础建设等方面。耕地地力评价标准体系与1982年土壤普查技术标准出现部分变化，耕地要素中基础数据有大量变化，为动态资料更新提供了新要求。

（一）耕地地力动态资源内容更新

1. 评价技术体系有较大变化　这次调查与评价主要运用了"3S"评价技术。在技术方法上，采用文字评述法、专家经验法、模糊综合评价法、层次分析法、指数和法；在技术流程上，应用了叠置法确定评价单元，空间数据与属性数据相连接，采用特尔菲法和模糊综合评价法，确定评价指标，应用层次分析法确定各评价因子的组合权重，用数据标准化计算各评价因子的隶属函数并将数值进行标准化，应用了累加法计算每个评价单元的耕地力综合评价指数，分析综合地力指数，分布划分地力等级，将评价的地方等级归入农业部地力等级体系，采取GIS、GPS系统编绘各种养分图和地力等级图等图件。

2. 评价内容有较大变化　除原有地形部位、土体构型等基础耕地地力要素相对稳定以外，土壤物理性状、易变化的化学性状、农田基础建设等要素变化较大，尤其是土壤容重、有机质、pH、有效磷、速效钾指数变化明显。

3. 增加了耕地质量综合评价体系　土样、水样化验检测结果为大宁县绿色、无公害农产品基地建立和发展提供了理论依据。图件资料的更新变化，为今后大宁县农业宏观调控提供了技术准备，空间数据库的建立为大宁县农业综合发展提供了数据支持，加速了大宁县农业信息化快速发展。

（二）动态资料更新措施

结合这次耕地地力调查与质量评价，大宁县及时成立技术指导组，确定专门技术人员，从土样采集、化验分析、数据资料整理编辑，电脑网络连接畅通，保证了动态资料更新及时、准确，提高了工作效率和质量。

三、耕地资源合理配置

（一）目的意义

多年来，大宁县耕地资源盲目利用，低效开发，重复建设情况十分严重，随着农业经济发展方向的不断延伸，农业结构调整缺乏借鉴技术和理论依据。这次耕地地力调查与质量评价成果对指导大宁县耕地资源合理配置，逐步优化耕地利用质量水平，对提高土地生产性能和产量水平具有现实意义。

大宁县耕地资源合理配置思路是：以确保粮食安全为前提，以耕地地力质量评价成果为依据，以统筹协调发展为目标，用养结合，因地制宜，内部挖潜，发挥耕地最大生产效益。

（二）主要措施

1. 加强组织管理，建立健全工作机制　县上要组建耕地资源合理配置协调管理工作体系，由农业、土地、环保、水利、林业等职能部门分工负责，密切配合，协同作战。技术部门要抓好技术方案制定和技术宣传培训工作。

2. 加强农田环境质量检测，抓好布局规划 将企业列入耕地质量检测范围。企业要加大资金投入和技术改造，降低"三废"对周围耕地污染，因地制宜大力发展绿色无公害农产品优势生产基地。

3. 加强耕地保养利用，提高耕地地力 依照耕地地力等级划分标准，划定大宁县耕地地力分布界限，推广平衡施肥技术，加强农田水利基础设施建设，平田整地，淤地打坝，中低产田改良，植树造林，扩大植被覆盖面，防止水土流失，提高梯（园）田化水平。采用机械耕作，加深耕层，熟化土壤，改善土壤理化性状，提高土壤保水保肥能力。划区制定技术改良方案，将大宁县耕地地力水平分级划分到村、到户，建立耕地改良档案，定期定人检查验收。

4. 重视粮食生产安全，加强耕地利用和保护管理 根据大宁县农业发展远景规划目标，要十分重视耕地利用保护与粮食生产之间的关系。人口不断增长，耕地逐年减少，要解决好建设与吃饭的关系，合理利用耕地资源，实现耕地总面积动态平衡，解决人口增长与耕地矛盾，实现农业经济和社会可持续发展。

总之，耕地资源配置，主要是各土地利用类型在空间上的整体布局；另一层含义是指同一土地利用类型在某一地域中是分散配置还是集中配置。耕地资源空间分布结构折射出其地域特征，而合理的空间分布结构可在一定程度上反映自然生态和社会经济系统间的协调程度。耕地的配置方式，对耕地产出效益的影响截然不同，经过合理配置，农村耕地相对规模集中，既利于农业管理，又利于减少投工投资，耕地的利用率将有较大提高。

一是严格执行《基本农田保护条例》，增加土地投入，大力改造中低产田，使农田数量与质量稳步提高；二是园地面积要适当调整，淘汰劣质果园，发展优质果品生产基地；三是林草地面积适量增长，加大四荒拍卖开发力度，种草植树，力争森林覆盖率达到30％，牧草面积占到耕地面积的2％以上。搞好河道、滩涂地有效开发，增加可利用耕地面积。加大小流域综合治理，在搞好耕地整治规划的同时，治山治坡、改土造田、基本农田建设与农业综合开发结合进行；要采取措施，严控企业占地，严控农村宅基地占用一级、二级耕田，加大废旧砖窑和农村废弃宅基地的返田改造，盘活耕地存量调整，"开源"与"节流"并举，加快耕地使用制度改革。实行耕地使用证发放制度，促进耕地资源的有效利用。

四、土、肥、水、热资源管理

（一）基本状况

大宁县耕地自然资源包括土、肥、水、热资源。它是在一定的自然和农业经济条件下逐渐形成的，其利用及变化均受到自然、社会、经济、技术条件的影响和制约。自然条件是耕地利用的基本要素。热量与降水是气候条件最活跃的因素，对耕地资源影响较为深刻，不仅影响耕地资源类型形成，更重要的是直接影响耕地的开发程度、利用方式、作物种植、耕作制度等方面。土壤肥力则是耕地地力与质量水平基础的反映。

光热资源：大宁县属温带半湿润大陆性季风气候，四季分明，冬季寒冷干燥，夏季炎热多雨。年均气温为 10.7℃，7 月最热，平均气温达 24.4℃；1 月最冷，平均气温－5.6℃；历年平均日照时数为 2 466.7 小时，无霜期 212 天。

（二）管理措施

在大宁县建立土壤、肥力、水热资源数据库，依照不同区域土、肥、水热状况，分类分区划定区域，设立监控点位、定人、定期填写检测结果，编制档案资料，形成有连续性的综合数据资料，有利于指导大宁县耕地地力恢复性建设。

五、科学施肥体系与灌溉制度的建立

（一）科学施肥体系建立

大宁县平衡施肥工作起步较早，最早始于 20 世纪 70 年代未定性的氮磷配合施肥；20 世纪 80 年代初为半定量的初级配方施肥；20 世纪 90 年代以来，有步骤定期开展土壤肥力测定，逐步建立了适合大宁县不同作物、不同土壤类型的施肥模式。在施肥技术上，提倡"增施有机肥，稳施氮肥，增施磷，补施钾肥，配施微肥和生物菌肥"。

根据大宁县耕地地力调查结果看，土壤有机质含量有所回升，平均含量为 11.46 克/千克，比第二次土壤普查 10.96 克/千克，提高了 0.5 克/千克；全氮平均含量 0.77 克/千克，比第二次土壤普查提高 0.14 克/千克；有效磷平均含量为 12.46 克/千克，比第二次土壤普查提高 8.76 克/千克；速效钾平均含量为 153.9 毫克/千克，比第二次土壤普查提高 43.9 毫克/千克。

1. 调整施肥思路 以节本增效为目标，立足抗旱栽培，着力提高肥料利用率，采取"增氮、稳磷、补钾、配微"原则，坚持有机肥与无机肥相结合，合理调整养分比例，按耕地地力与作物类型分期供肥，科学施用。

2. 施肥方法

（1）因土施肥：不同土壤类型保肥、供肥性能不同。对大宁县黄土台垣丘陵区旱地，土壤的土体构型为通体壤或"蒙金型"，一般将肥料作基肥一次施用效果最好；对汾河两岸的沙土、夹沙土等构型土壤，肥料特别是钾肥应少量多次施用。

（2）因品种施肥：肥料品种不同，施肥方法也不同。对碳酸氢铵等易挥发性化肥，必须集中深施覆盖土，一般为 10～20 厘米；硝态氮肥易流失，宜作追肥，不宜大水漫灌；尿素为高浓度中性肥料，作底肥和叶面喷肥效果最好，在旱地做基肥集中条施。磷肥易被土壤固定，常作基肥和种肥，要集中沟施，且忌撒施土壤表面。

（3）因苗施肥：对基肥充足，生长旺盛的田块，要少量控制氮肥，少追或推迟追肥时期；对基肥不足，生长缓慢田块，要施足基肥，多追或早追氮肥；对后期生长旺盛的田块，要控氮补磷施钾。

3. 选定施用时期：因作物选定施肥时期。

4. 不同作物施肥建议：

（1）冬小麦配方施肥总体方案：

①产量水平为 200 千克/亩以下。冬小麦产量为 200 千克/亩以下地块，氮肥（N）用量

推荐为 7～11 千克/亩，磷肥（P_2O_5）用量为 1～4 千克/亩，钾肥（K_2O）小于等于 3 千克/亩。亩施农家肥 3 000 千克以上。在特别干旱年份或磷含量高的地块可不施肥磷钾肥。

②产量水平为 200～350 千克/亩。冬小麦产量为 200～350 千克/亩的地块，氮肥（N）用量推荐为 8～12 千克/亩，磷肥（P_2O_5）为 1～6 千克/亩，钾肥（K_2O）小于等于 5 千克/亩。亩施农家肥 3 000～4 000 千克以上。

③产量水平为 350 千克/亩以上。冬小麦产量为 350 千克/亩以上的地块，氮肥用量推荐为 9～13 千克/亩，磷肥（P_2O_5）为 2～9 千克/亩，钾肥（K_2O）小于等于 6 千克/亩。亩施农家肥 4 000 千克以上。

施肥方法：作物秸秆还田地块要增加氮肥用量 10%～15%，以协调碳氮比，促进秸秆腐解。同时，要采用科学的施肥方法。一是大力提倡化肥深施，坚决杜绝肥料撒施。基、追肥施肥深度要分别达到 20～25 厘米、5～10 厘米；二是施足底肥，合理追肥。一般有机肥、磷、钾及中、微量元素肥料均作底肥，氮肥则分期施用；三是搞好叶面喷肥，提质防衰。生长中后期喷施 2% 的尿素以提高籽粒蛋白质含量，防止小麦脱肥早衰；抽穗至乳熟期喷施 0.2%～0.3% 的磷酸二氢钾溶液以防止小麦贪青晚熟。

（2）春玉米配方施肥总体方案：

①产量水平为 500 千克/亩以下。春玉米产量为 500 千克/亩以下地块，氮肥（N）用量推荐为 7～11 千克/亩，磷肥（P_2O_5）用量为 1～7.2 千克/亩，钾肥（K_2O）用量小于等于 5 千克/亩。亩施农家肥 1 500 千克。

②产量水平为 500～650 千克/亩。春玉米产量为 500～650 千克/亩的地块，氮肥（N）用量推荐为 8～13 千克/亩，磷肥（P_2O_5）为 2～8 千克/亩，钾肥（K_2O）为 1～5.5 千克/亩。亩施农家肥 2 000 千克。

③产量水平为 650 千克/亩以上。春玉米产量为 650 千克/亩以上的地块，氮肥用量推荐 9～15 千克/亩，磷肥（P_2O_5）为 3～9.6 千克/亩，钾肥（K_2O）为 2～6 千克/亩。亩施农家肥 2 500 千克以上。

另外，玉米缺锌土壤应适当增施锌肥，一般亩底施硫酸锌 1.5～2 千克。

施肥方法：对于缺硫土壤，可基施硫黄 2～3 千克/亩（若使用其他含硫肥料，可酌减少硫黄用量）；对于缺锌、缺锰土壤，可基施硫酸锌、硫酸锰 1～1.5 千克/亩。

此外，作物秸秆还田地块要增加氮肥用量 10%～15%，以协调碳氮比，促进秸秆腐解。要大力推广玉米施锌肥，每千克种子拌硫酸锌 4～6 克，或亩底施硫酸锌 1.5～2 千克。当减少钾肥用量。同时，要采用科学的施肥方法。一是大力提倡化肥深施，坚决杜绝肥料撒施。基、追肥施肥深度要分别达到 20～25 厘米、5～10 厘米；二是施足底肥，合理追肥。一般有机肥、磷、钾及中微量元素肥料均作底肥，氮肥则分期施用。旱地麦田，原则上氮肥全部底施，个别地块如需追肥，在春季视土壤墒情，按氮肥 60%～70% 底施、30%～40% 追施。追肥时期应在拔节期依苗情由弱—壮—旺的顺序依次推迟，施用量亦依次减少；三是搞好叶面喷肥，提质防衰。生长中后期喷施 2% 的尿素以提高籽粒蛋白质含量，防止小麦脱肥早衰；抽穗至乳熟期喷施 0.2%～0.3% 的磷酸二氢钾溶液以防止小麦贪青晚熟。

（3）马铃薯施肥总体方案：

①马铃薯产量为 1 000 千克/亩以下的地块。氮肥（N）用量推荐为 4～5 千克/亩，磷

肥（P_2O_5）为 3～5 千克/亩，钾肥（K_2O）为 1～2 千克/亩。亩施农家肥 1 000 千克以上。

②马铃薯产量为 1 000～1 500 千克/亩的地块。氮肥（N）用量推荐为 5～7 千克/亩，磷肥（P_2O_5）为 5～6 千克/亩，钾肥（K_2O）为 2～3 千克/亩。亩施农家肥 1 000 千克以上。

③马铃薯产量为 1 500～2 000 千克/亩的地块。氮肥（N）用量推荐为 7～8 千克/亩，磷肥（P_2O_5）为 6～7 千克/亩，钾肥（K_2O）为 3～4 千克/亩。亩施农家肥 1 500 千克以上。

④马铃薯产量为 2 000 千克/亩以上的地块。氮肥（N）用量推荐为 8～10 千克/亩，磷肥（P_2O_5）为 7～8 千克/亩，钾肥（K_2O）为 4～5 千克/亩。亩施农家肥 1 500 千克以上。

施肥方法：有机肥、磷肥全部作基肥。氮肥总量的 60%～70% 作基肥，30%～40% 作追肥。钾肥总量的 70%～80% 作基肥，20%～30% 作追肥。磷肥最好和有机肥混合沤制后施用。基肥可以在秋季或春季结合耕地沟施或撒施后翻入土中。马铃薯追肥一般在开花以前进行，早熟品种在苗期追肥，中晚熟品种在现蕾前追肥。

（4）苹果施肥总体方案：

①早熟品种，或土壤肥沃，或树龄小，或树势强的果园施优质农家有机肥 2～3 立方米/亩；晚熟品种、土壤瘠薄、树龄大、树势弱的果园施有机肥 3～4 立方米/亩。

②亩产为 2 500 千克以下。氮肥（N）为 12～15 千克/亩，磷肥（P_2O_5）为 4～6 千克/亩，钾肥（K_2O）为 12～15 千克/亩。

③亩产为 2 500～3 500 千克。氮肥（N）为 15～20 千克/亩，磷肥（P_2O_5）为 6～10 千克/亩，钾肥（K_2O）为 15～20 千克/亩。

④亩产为 3 500～4 500 千克。氮肥（N）为 20～25 千克/亩，磷肥（P_2O_5）为 8～12 千克/亩，钾肥（K_2O）为 15～20 千克/亩。

⑤亩产为 4 500 千克以上。氮肥（N）为 25～35 千克/亩，磷肥（P_2O_5）为 10～15 千克/亩，钾肥（K_2O）为 20～30 千克/亩。

施肥方法：

①采用基肥、追肥、叶喷、涂干等相结合的立体施肥方法。基肥以有机肥和适量化肥为主，多在果实采收前后的 9 月中旬至 10 月中旬施入；追肥主要在花前、花后和果实膨大期进行，前期以氮为主，中期以磷、钾为主；叶喷、涂干于 6～8 月进行。施肥时应注意将肥料施在根系密集层，最好与灌水相结合。旱地果树施用化肥不能过于集中，以免引起根害。

②对于旺树，秋季基肥中施用 50% 的氮肥，其余在花芽分化期和果实膨大期施用；对于弱树，秋季基肥中施用 30% 的氮肥，50% 的氮肥在 3 月份开花时施用，其余在 6 月中旬施用。70% 的磷肥秋季基施，其余磷肥可在春季施用；40% 的钾肥作秋季基肥，20% 在开花期，40% 在果实膨大期分次施用。

③土壤缺锌、硼和钙而未秋季施肥的果园，每亩施用硫酸锌 1～1.5 千克、硼砂 0.5～1.0 千克、硝酸钙 30～50 千克，与有机肥混匀后秋季或早春配合基肥施用；或在套袋前

叶面喷施 2～3 次。

（二）灌溉制度的建立

大宁县为贫水区之一，主要采取抗旱节水灌溉为主。

1. 旱地区集雨灌溉模式　主要采用有机旱作技术模式，深翻耕作，加深耕层，平田整地，提高园（梯）田化水平，地膜覆盖，垄际集雨纳墒，秸秆覆盖蓄水保墒，高灌引水，节水管灌等配套技术措施，提高旱地农田水分利用率。

2. 扩大井水灌溉面积　水源条件较好的旱地，打井造渠，利用分畦浇灌或管道渗灌、喷灌，节约用水，保障作物生育期一次透水。

（三）体制建设

在大宁县建立科学施肥与灌溉制度，农业、技术部门要严格细化相关施肥技术方案，积极宣传和指导；水利部门要抓好淤地打坝、井灌配套等基本农田水利设施建设，提高灌溉能力；林业部门要加大荒坡、荒山植树造林、绿色环境，改善气候条件，提高年际降水量；农业环保部门要加强基本农田及水污染的综合治理，改善耕地环境质量和灌溉水质量。

六、信息发布与咨询

耕地地力与质量信息发布与咨询，直接关系到耕地地力水平的提高，关系到农业结构调整与农民增收目标的实现。

（一）体系建立

以县农业技术部门为依托，在省、市农业技术部门的支持下，建立耕地地力与质量信息发布咨询服务体系，建立相关数据资料展览室，将大宁县土壤、土地利用、农田水利、土壤污染、基本农业田保护区等相关信息融入电脑网络之中，充分利用县、乡两级农业信息服务网络，对辖区内的耕地资源进行系统的动态管理，为农业生产和结构调整做好耕地质量动态变化、土壤适宜性、施肥咨询、作物营养诊断等多方位的信息服务。在乡村建立专门试验示范生产区，专业技术人员要做好协助指导管理，为农户提供技术、市场、物资供求信息，定期记录监测数据，实现规范化管理。

（二）信息发布与咨询服务

1. 农业信息发布与咨询　重点抓好小麦、蔬菜、水果、中药材等适栽品种供求动态、适栽管理技术、无公害农产品化肥和农药科学施用技术、农田环境质量技术标准的入户宣传、编制通俗易懂的文字、图片发放到每家每户。

2. 开辟空中课堂抓宣传　充分利用覆盖大宁县的电视传媒信号，定期做好专题资料宣传，并设立信息咨询服务电话热线，及时解答和解决农民提出的各种疑难问题。

3. 组建农业耕地环境质量服务组织　在大宁县乡村选拔科技骨干及科技副村长，统一组织耕地地力与质量建设技术培训，组成农业耕地地力与质量管理服务队，建立奖罚机制，鼓励他们谏言献策，提供耕地地力与质量方面信息和技术思路，服务于大宁县农业发展。

4. 建立完善执法管理机构　成立由县土地、环保、农业等行政部门组成的综合行政执法决策机构，加强对大宁县农业环境的执法保护。开展农资市场打假，依法保护利用土地，监控企业污染，净化农业发展环境。同时配合宣传相关法律、法规，让群众家喻户晓，自觉接受社会监督。

第六节　耕地质量及苹果生产措施探讨

近年来，随着果业高新技术的进一步推广，广大果农果业素质得到了大幅度提高，生产的苹果个大、色艳、风味浓等，且经济效益好。5 年生以上苹果园，亩产 2 000～2 500 千克，亩产值达 4 000～5 000 元。为了进一步搞好苹果生产，利用这次耕地养分调查与质量评价，对苹果生产做出如下技术探讨。

一、自然概况

大宁县苹果面积主要分布本县各级耕地中，土壤类型主要为石灰性褐土和褐土性土，土壤质地多为中壤。

二、现状及存在问题

1. 耕地土壤养分测定结果及评价

（1）大量元素及分析：从分析结果看，有机质平均含量为 12.46 克/千克，全氮平均含量为 0.77 克/千克，有效磷平均含量为 12.46 毫克/千克，速效钾平均含量为 153.9 毫克/千克。总体来说，有机质和全氮含量偏低。见表 7 - 1。

表 7 - 1　苹果园大量元素化验结果

项　目	有机质 （克/千克）	全　氮 （克/千克）	有效磷 （毫克/千克）	速效钾 （毫克/千克）
最大值	23.4	1.17	106.7	455
最小值	7.3	0.36	4	100
平均值	13.91	0.724	22.11	216.46

（2）微量元素含量及评价：经化验分析，有效铜平均含量为 1.596 毫克/千克；有效锌平均含量为 1.843 毫克/千克，有效铁平均含量为 6.307 毫克/千克，有效硼平均含量为 0.341 毫克/千克，有效锰平均含量为 9.321 毫克/千克。总体来说，各果园微量元素养分有效铁锰硼含量相对偏低。见表 7 - 2。

表 7 - 2　大宁县苹果园微量元素含量

单位：毫克/千克

编　号	有效铜	有效锌	有效铁	有效硼	有效锰
最大值	4.37	3.88	14.39	0.53	11.07
最小值	0.8	0.45	3.84	0.16	5.65
平均值	1.596	1.843	6.307	0.341	9.321

2. 施肥管理水平　从果园施肥情况来看，土壤取样点调查的果园均施有机肥和化肥。就有机肥而言，施肥量普遍偏少，很难生产出优质果品。化肥的使用，不管是施肥量上，还是氮、磷、钾配比上均缺乏科学性，盲目施肥。平均亩施有机肥 1 550 千克，纯 N14 千克，P_2O_5 19.6 千克，K_2O 11.2 千克，见表 7 - 3。

表 7 - 3　大宁县苹果园施肥情况调查

编　号	有机质（克/千克）	全　氮（克/千克）	有效磷（毫克/千克）	速效钾（毫克/千克）
1	1 500	23	23	13
2	2 000	7.5	7.5	7.5
3	2 000	15	43	15
4	500	6.5	6.5	4
5	1 750	18	18	16.5
平　均	1 550	14	19.6	11.2

3. 耕地质量检测及评价　苹果产区重金属含量，砷含量为 5.56 毫克/千克，铅含量为 26.036 毫克/千克，铬含量为 74.69 毫克/千克，镉含量为 0.108 9 毫克/千克，汞含量为 0.686 毫克/千克，均符合我国土壤环境质量二级标准，见表 7 - 4。

表 7 - 4　大宁县苹果产区土壤重金属含量统计

单位：毫克/千克

地　点	砷	铅	铬	镉	汞
苹果产区	5.56	26.036	74.69	0.108 9	0.068 6
标准值	≤20	≤50	≤250	≤0.4	≤0.35

注：标准值为我国《无公害食品产地环境技术条例》（NY 5010—2002）的标准值。

三、基本对策和措施

1. 增施有机肥，推广生草制　对于结果树，优质有机肥作为基肥一般要求在 9 月上中旬施入果园，采用挖槽、深翻等形式，按照以产定肥的原则进行施肥，施肥量要达到"斤果 1.5～2 斤肥"标准。同时，实施免耕，采用覆草、行间种草等措施，增加土壤有机质，以达到培肥地力的目的，适宜本区果园种植的草种有白三叶、百脉根、鸭茅草等。

2. 平衡施肥　进入盛果期的苹果树，所施入的化肥量应以产量而定，每产果 100 千克，需补充纯氮 550 克，纯磷 280 克，纯钾 550 克，施肥沟位置应在树冠外缘多向开挖，深度约 20 厘米左右。

盛果期苹果树施化肥应在花前施第一次，以氮肥为主；第二次追肥在春梢旺长和果实膨大期施入三元复合肥，并配以微量元素；第三次在 9 月上旬，以基肥为主，配合过磷酸钙和少量氮肥。

注重果园喷硼和补钙。花期喷硼、氮液：0.2%硼砂＋0.2%～0.3%尿素。一般落花后 7～10 天开始喷钙肥，每隔 7 天 1 次，共喷 3 次。另外，在生长季节要加强其他微量元素的喷施。

3. 灌溉 年生长周期中，以"花开灌足，春梢旺长期灌好，果实膨大期灌多，封冻水适量"为原则进行，最好配备喷、滴灌设施。

4. 整形修剪 矮化密植园苹果树形采用自由纺锤形或细长纺锤形。要求中干直立，主枝均匀分布，单轴延伸，开张角度 85°左右，稳定性主枝 13～15 个，树高不超过行距。结果树枝量 8 万～10 万个。盛果期苹果树新梢生长量在 30 厘米左右，长、中、短枝比例为 1∶5∶8，果实采收后，保叶率在 90％以上，乔化苹果树树形采用开心形树形为宜。

5. 花果管理

（1）在中心花开放时进行人工授粉 2～3 次或果园放蜂。

（2）花期喷硼。

（3）疏花疏果：每 20～25 厘米保留一花序，其他疏除。根据树势及产量指标适当控制留果量。

（4）实施果实套袋、摘叶、转果、铺反光膜等技术，提高果品质量。

6. 病虫害防治 加大综合防治力度，搞好病虫害测报，注重选用昆虫性外激素和生物杀虫剂，不用有机磷等农药残留量较高的剧毒农药，保证食用安全，增加果农经济效益。本县苹果树主要病虫害有：腐烂病、早期落叶病、根腐病、白粉病、红蜘蛛、金纹细蛾、桃小食心虫等。防治办法遵照《大宁县无农药残毒苹果生产技术规程》进行防治。

7. 积极进行环境治理，加大农业执法力度，防止耕地环境受到污染。

第七节　大宁县玉米施肥方案

（1）产量水平为 400 千克/亩以下：玉米产量为 400 千克/亩以下的地块，氮肥（N）用量推荐为 2～7 千克/亩，磷肥（P_2O_5）用量为 0～5 千克/亩，土壤速效钾含量＜100 毫克/千克时适当补施钾肥（K_2O）为 0～6 千克/亩。

（2）产量水平为 400～500 千克/亩以下：玉米产量为 400～500 千克/亩以下地块，氮肥（N）用量推荐为 5～10 千克/亩，磷肥（P_2O_5）用量为 1～8 千克/亩，土壤速效钾含量＜100 毫克/千克时适当补施钾肥（K_2O）为 0～10 千克/亩。

（3）产量水平为 500～600 千克/亩：玉米产量为 500～650 千克/亩的地块，氮肥（N）用量推荐为 7～12 千克/亩，磷肥（P_2O_5）为 2～9 千克/亩，土壤速效钾含量＜120 毫克/千克时适当补施钾肥（K_2O）为 1～11 千克/亩。

（4）产量水平为 600 千克/亩以上：玉米产量为 600 千克/亩以上的地块，氮肥（N）用量推荐为 20～25 千克/亩，磷肥（P_2O_5）为 12～16 千克/亩，土壤速效钾含量＜120 毫克/千克时适当补施钾肥（K_2O）为 14～26 千克/亩。

此外，作物秸秆还田地块要增加氮肥用量 10％～15％，以协调碳氮比，促进秸秆腐解。要大力推广玉米施锌术，每千克种子拌硫酸锌 4～6 克，或亩底施硫酸锌 1.5～2 千克。同时，要采用科学的施肥方法。一是大力提倡化肥深施，坚决杜绝肥料撒施。基、追肥施肥深度要分别达到 15～20 厘米、5～10 厘米；二是施足底肥，合理追肥。一般有机肥、磷、钾及中微量元素肥料均作底肥，氮肥则分期施用。春玉米田氮肥 60%～70% 底施、30%～40% 追施。

第八节　大宁县小麦管理施肥方案

近年来，随着食品工业的快速发展和人们生活水平的不断提高，对无公害小麦的需求呈上升趋势。因此，充分发挥区域优势，搞好标准化小麦生产，对提升小麦产业化水平，满足市场需求，提高市场竞争力意义重大。

一、施肥管理

1. 增施有机肥　一是积极组织农户广开肥源，培肥地力，努力达到改善土壤结构，提高纳雨蓄墒的能力；二是大力推广小麦、玉米秸秆直接还田技术；三是狠抓农机具配套，扩大秸秆翻压还田面积；四是扩大商品有机肥的生产和应用。在施用的有机肥的过程中，农家肥必须经过高温发酵，不得施用未经腐熟的厩肥、泥肥、饼肥、人粪尿等。

2. 合理调整肥料用量和比例　首先，要合理调整化肥和有机肥的施用比例，无机氮与有机氮之比不超过 1∶1；其次，要合理调整氮、磷、钾施用比例。

3. 合理施用磷钾肥　以"适氮、稳磷、补钾"为原则，合理增施磷钾肥，保证土壤养分平衡。

4. 科学施用微肥　在合理施用氮、磷、钾肥的基础上，要科学施用微肥，以达到优质、高产目的。

二、采用标准化生产技术

大宁县绿色食品 旱地优质中筋小麦生产技术规程

1. 范围　本标准规定了绿色食品旱地优质中筋小麦生产的产地环境及生产技术规程。本标准适用于绿色食品旱地优质中筋小麦生产。

2. 标准的引用

GB 4404.1　粮食作物种子　禾谷类

NY/T 391—2000　绿色食品　产地环境条件

NY/T 393—2000　绿色食品　农药使用准则

NY/T 394—2000　绿色食品　肥料使用准则

NY/T 851—2004　小麦产地环境技术条件

3. 绿色食品旱地优质中筋小麦质量标准　在产地环境符合 NY/T 391—2000 规定、农药使用符合 NY/T 393—2000 规定、肥料使用符合 NY/T 394—2000 规定。

4. 产地环境要求　应符合 NY/T 391—2000，NY/T 851—2004 规定。

5. 生产技术规程

（1）选地：

①要求土地平整，土层深厚 150 厘米以上，熟土层 25 厘米。

②土壤结构通透性好，松紧度适宜，耕作层（25 厘米）土壤容重在 1.1～1.3 克/厘米³，孔隙度 50%～55%。

③养分含量高，养分全，比例协调。耕层土壤有机质 10～13 克/千克以上，全氮含量 0.7 克/千克以上，速效磷含量 20 毫克/千克以上，有效钾含量 100 毫克/千克以上。

（2）耕作整地：

① 6 月下旬，趁雨进行深耕或深松，深度 25 厘米左右。

②深耕结合精细耙地，要求达到深、透、细、平。

③耕作较晚、土层 0～5 厘米墒情较差、土壤过分疏松时，播种前后要镇压，以利出苗。

（3）品种选择及质量要求：

①品种选择的原则是适合本地旱地优质中筋小麦品种，目前适宜推广的旱地优质中筋小麦临丰 3 号、晋太 170、晋麦 47。

②种子质量标准：种子质量应符合 GB 4404.1 规定。

③播前，采用机械精选法去掉小、瘪、虫籽。

（4）施肥及方法：

底肥：结合播前浅犁，每亩施优质厩肥 2 000 千克，尿素 16 千克，钙镁磷肥 50 千克；或优质厩肥 2 000 千克，磷酸二铵 32 千克，复合微生物肥 48 千克。

（5）播种：

①播期。海拔 900 米以上播种适期 9 月 7～15 日；900 米以下播种适期 9 月 15～30 日。

②播量。每亩用种量 7.5～10 千克。

③播种方式。机播。

④播深。4～5 厘米。

（6）苗期—返青期管理：

①齐苗后查苗、补苗。对缺苗行长 20 厘米以上的地块，用同一品种催芽补种。

②遇雨及时中耕、耙耱。一般弱苗、壮苗田浅中耕，群体偏大的旺苗田深中耕。对土壤悬虚的麦田，越冬初期镇压。越冬期适时耙耱。

③春季趁墒，每亩开沟追尿素 4 千克或磷酸二铵 8 千克＋复合微生物肥 12 千克。

（7）起身期—扬花期管理：

①起身期。土壤解冻后顶凌耙耱，中耕松土；生长旺、群体大（每亩总茎数 100 万以上）发育早的麦田，拔节初期深中耕或镇压。

②拔节期。拔节初期对狂长麦田进行镇压。

③孕穗期—扬花期管理。每亩用 0.3%磷酸二氢钾溶液，对水 50～100 千克叶面喷施。防治病虫见本章 6.（2）。

（8）收获：籽粒蜡熟末期适期收获。

6. 病虫草害防治

（1）主要病虫草害种类：

①病害种类。锈病、白粉病、全蚀病。

②虫害种类。蚜虫，红蜘蛛，蝼蛄、蛴螬、金针虫等害虫。

③草害种类。荠菜、播娘蒿。

（2）防治措施：病虫草害的防治坚持"预防为主，综合防治"的植保方针，根据有害生物综合防治的基本原则，采用抗（耐）病品种为主，以健身栽培为重点，物理、化学防治有机结合的综合防治措施。

①农业防治。选用抗病、耐病品种；加强管理，培育壮苗，增强抗病虫能力；麦收后及时清除病株残体，清除田边杂草，耕翻灭茬，拔除田间落粒自生麦苗，消灭越夏病源和虫源；目前播前采用种子加工清选车风选、种子加工精选机筛选等选种方法，能有效地清除杂草种子。

②药剂防治。药剂防治应符合 NY 393—2000 的规定。生产绿色产品禁止使用农药见表 7 - 5。

<1>种子处理：种子进行包衣所用种衣剂无高毒、高残留农药。

用生石灰 0.5 千克，加水 50 千克，配成 1％石灰水，浸麦种 30 千克，30℃时浸 1～2 天，防治种子带菌的病害；用 25％多菌灵可湿性粉剂 250 倍液浸种 12 小时，或用 20％萎锈灵乳剂 200～400 倍液，浸种 6 小时，防治锈病、白粉病，并可兼治几种麦类种传病害。

<2>锈病防治：小麦孕穗期—灌浆期条锈病叶率达 2％，抽穗前后叶锈病叶率达 5％～10％，扬花期—灌浆期秆锈病秆率达 1％～5％时，每亩均可用 20％三唑酮乳油 40～42.5 克，对水 50 千克，或用 25％丙环唑乳油 30～40 克，对水 50 千克，均匀喷雾。

<3>白粉病防治：病叶率达 10％时，用 12.5％腈菌唑乳油 16～32 克，对水 50 千克，或用 50％福美双可湿性粉剂 500 倍液均匀喷雾。

<4>全蚀病防治：小麦三叶期间，用 5 亿/克荧光假单孢杆菌可湿性粉剂 1 000～1 500克制剂/100 千克拌种，或每亩用 100～150 克制剂，对水 100～150 千克，顺垄灌根 2 次。

<5>蚜虫防治：防治指标：拔节前 200 头/百茎，扬花期 800～1 000 头/百穗，每亩用 50％抗蚜威可湿性粉剂 10～20 克，或用 10％吡虫啉可湿性粉剂 15～20 克，或 3％啶虫脒可湿性粉剂 60～80 克，对水 50 千克均匀喷雾。

<6>红蜘蛛防治：小麦拔节期麦蜘蛛 33 厘米行长达 200 头时，用 20％哒螨灵可湿性粉剂 3 000～4 000 倍液，或用 1.8％阿维菌素乳油 5 000～6 000 倍液均匀喷雾。

<7>地下害虫防治：种子处理采用占种子重量的 0.1％的 50％辛硫磷乳油和种子重量 10％的水稀释后拌种，堆闷 12～24 小时后播种。土壤处理采用每亩用 1.1％苦参碱粉剂 2 000～2 500 克洒施。

<8>草害防治：人工中耕除草。

③物理防治。利用黄板诱杀蚜虫，振频式杀虫灯诱杀金龟子。

第九节 大宁县谷子标准化生产的对策研究

一、培肥措施

1. 加强田间整治，取高垫低，防治水土流失；机械深耕，加厚耕作层。

2. 增施有机肥，提倡有机无机相结合；依据土壤丰缺指标，适当增减化肥用量，注意磷肥、硼肥的施用。

3. 肥料施用要与无公害栽培技术相结合。

二、采用标准化生产技术

1. 范围

本标准规定了绿色食品谷子生产的产地环境、产品质量标准及栽培技术规程。

本标准适用于绿色食品谷子生产。

2. 标准的引用

NY/T 394—2000 绿色食品　肥料使用准则

NY/T 393—2000 绿色食品　农药使用准则

GB/T 8321（所有部分）　农药合理使用准则

GB 4285　农药安全使用标准

GB/T 8232—1987　粟（谷子）

NY/T 391—2000　绿色食品　产地环境条件

GB 4404.1—1996　粮食作物种子　禾谷类

3. 产地环境和土壤气候条件

（1）产地环境：应符合 NY/T 391—2000 规定。

产地应选择在空气、水质、土壤无污染和生态条件良好的地域。加强保护产地周围的生态环境，严禁开设有污染的工厂，控制生活污水，使绿色食品的产地具有可持续发展能力。

（2）土壤条件：选择有机质 1.2％以上，全氮 0.8 克/千克以上、有效磷 15 毫克/千克以上、有效钾 80 毫克/千克以上，海拔 850 米以上，阳光充足、通风透气条件好的石灰性褐土种植谷子。

（3）气候条件：年平均气温 11.2℃，平均日温差 11℃，稳定通过 10℃以上的活动积温 3 600℃；年平均日照时数 2 293.9 小时，5～9 月日照平均时数 220.3 小时；年降水量 534.2 毫米，无霜期平均 171 天。

4. 绿色食品谷子质量标准　在产地环境符合 NY/T 391—2000 规定、农药使用符合 NY/T 393—2000 规定、肥料使用符合 NY/T 394—2000 规定条件下生产的、符合 GB/T 8232 标准的谷子。

5. 栽培技术规程

（1）轮作倒茬：实行 3 年以上的轮作制度，轮作方式：谷子→小麦→玉米→谷子；谷子→棉花→玉米→谷子；谷子→小麦—大豆→马铃薯→谷子；谷子→玉米→小麦—花生→谷子；谷子→玉米→油菜—青饲料→谷子。谷子的前茬以豆类、油菜最好，玉米、小麦、马铃薯、棉花次之。

（2）整地施肥（蓄水保墒）：

①秋收后浅耕灭茬，然后深耕 20 厘米以上，结合耕翻施入高质量农肥、磷肥和钾肥，在秋作物收获后，结合秋耕每亩深施农家肥 6 000～8 000 千克，钙镁磷肥 50 千克，硫酸钾 10～15 千克。随耕随耙糖。

②春季顶凌耙地，破除板结。

③播前 5～10 天，浅犁塌墒，打碎坷垃，随耕翻施入氮肥，早春结合浅耕，每亩施尿素 16 千克，耕后带耙。

④播前 2～3 天，干土层在 4～6 厘米，土壤含水量达不到 12％时必须镇压，压后耙糖。

（3）选用优种：选择高产、优质、抗逆性强、适应性广的品种，种子质量符合 GB 4404.1—1996 要求。大宁县应以晋谷 21 为主干品种，示范种植晋谷 34、太选 2 号和晋谷 29。

（4）种子处理：

①晒种。播前选晴天，将种子摊放在席上 2～3 厘米厚度，翻晒 2～3 天。

②"三洗"种子。"三洗"即首先把谷种倒入清水中，搅拌后漂去秕谷、草籽和杂质，然后捞出下沉的谷子倒入 10％的盐水中，捞去漂在水面上的秕粒、半秕粒，最后用清水冲洗 2～3 遍，除去种子表面的盐分。

③药剂拌种。用种子重量的 0.3％的 25％瑞毒霉可湿性粉剂拌种，防治白发病；用种子重量的 0.2％～0.3％的 75％粉锈宁或 50％多菌灵可湿性粉剂拌种，防治黑穗病。

（5）播种：

①适期播种。一般地膜覆盖谷子 5 月上旬播种，露地春谷 5 月中旬播种、夏谷 6 月中下旬播种。

②播种深度。土壤墒情好的可适当浅些、墒情差的可适当深些；早播可深些，晚播可浅些，一般播深 3～5 厘米。

③播种方式。地膜覆盖谷子采用膜际条播种植，应用厚 0.007～0.008 毫米、宽 40 厘米的聚乙烯地膜，实行宽窄行种植，宽行 40 厘米、窄行 30～33 厘米。大田谷子用耧播或机播。

④播量。每亩用种 0.5～0.75 千克

⑤施种肥。每亩用 3 千克磷酸二氢铵或尿素作种肥，在播种时随种子施在沟内。如果土壤干旱可不施或少施种肥，同时将种子与肥料适当分开。

（6）科学管理：

①全苗壮苗。播种后表层土壤含水量在 12％以下，随播随砘压，然后隔 2～3 天再砘压 1 次；土壤含水量在 12％以上时，播后隔天砘压 1 次即可。在未出苗前遇雨及时破除板结。

②间苗定苗。出苗后发现缺苗及早进行浸种催芽补种，3～4 片真叶时间苗，5～6 片真叶时定苗。

③合理密植。高水肥地亩留苗 3 万～3.5 万株；中等肥力地亩留苗 2.5 万～3 万株；旱垣坡地亩留苗 1.5 万～2 万株。

④中耕除草。整个生长期中耕 3～4 次，深度掌握"头遍浅、二遍深、三遍四遍不伤根"的原则。第一次中耕，结合间定苗浅锄（3～5 厘米），固土稳苗；第二次中耕，谷子 8～9 片真叶时结合清垄，深中耕 6 厘米以上；第三次浅中耕（5 厘米左右），同时高培土、防倒伏。

⑤浇水。水地谷子拔节期浇第一水，孕穗抽穗期浇第二水；旱地谷子抽穗前，每亩叶面喷 200 千克清水。

⑥追肥。具体见 6.（4）③。

⑦适期收获。颖壳变黄，谷穗断青，籽粒变硬，及时收获。

6. 配方施肥

（1）施肥原则：施肥应符合 NY/T 394—2000 要求。

（2）允许使用的肥料种类：

①农家肥。包括堆肥、沤肥、厩肥、沼气肥、绿肥、作物秸秆肥、混肥、饼肥，施用前必须进行高温沤制，充分腐熟后方可使用。

②商品肥料。包括商品有机肥、腐殖酸类肥、微生物肥、有机复合肥、无机肥料、叶面肥料（叶面肥中不得含有化学成分的生长调节剂）、有机无机肥、复合肥，商品肥料质量指标应达到国家有关标准的要求。

③在化肥与有机肥、复合微生物肥料配合使用情况下（有机氮与无机氮之比不超过 1∶1），允许使用化学肥料（氮、磷、钾）。

（3）不允许使用的肥料种类：

①禁止使用硝态氮肥。

②城市生活垃圾不经无害化处理，不许施入地田。

（4）施肥方法：

①基肥。在秋作物收获后，结合秋耕每亩深施农家肥 6 000～8000 千克，钙镁磷肥 50 千克，硫酸钾 10～15 千克。早春结合浅耕，每亩施尿素 16 千克。

②种肥。每亩用 3 千克磷酸二铵或尿素作种肥，在播种时随种子施在沟内。如果土壤干旱可不施或少施种肥，同时将种子与肥料适当分开。

③追肥。

<1>根部追部：旱地结合降雨，在拔节孕穗期每亩追施尿素 7.5～10 千克。有灌溉条件的谷田，追肥后及时浇水。

<2>叶面喷肥：灌浆期对生长旺盛的谷子，每亩叶面喷施 0.2%磷酸二氢钾溶液 50～60 千克；对生长较差的谷子每亩叶面喷施 2%尿素溶液和 0.2%磷酸二氢钾混合液 50～60 千克。齐穗前 7 天，所有谷子用 300～400 毫克/千克浓度的硼酸液 100 千克叶面喷洒，间隔 10 天，再喷 1 次。

7. 病虫防治

（1）主要病虫草害种类：

①主要病害种类。白发病、黑穗病。

②主要虫害种类。粟灰螟、粟茎跳甲、黏虫。

（2）防治方法：病虫害的防治坚持"预防为主，综合防治"的植保方针，根据有害生物综合防治的基本原则，采用抗（耐）病品种为主，以农业防治为重点，物理、生物、化学防治有机结合的综合防治措施。

①农业防治。在选用抗病品种、搞好种子检疫的基础上，合理轮作倒茬，造墒保墒，适期播种，适当浅播，播种后覆土，不要过厚，增施氮、磷、钾肥料，结合中耕除草，彻底拔除病株、残株、虫株，带出田外深埋或烧毁，冬春彻底刨烧谷茬，及时处理谷草，消灭越冬幼虫。

②物理防治。用糖醋酒液（糖3份、醋4分、酒1份、水2份）配成诱剂，并加入诱剂量（0.5％的90％晶体敌百虫）诱杀或用杨树枝把（谷草把）诱蛾产卵，每天日出前用扑虫网套住树枝将虫振落于网内杀死，每亩插设5～6个杨树枝把（谷草耙），5天更换1次。

③生物防治。利用天敌和生物农药防治。

④化学防治。应符合NY/T 393—2000、GB 4285和GB/T 8321（所有部分）规定。

<1>绿色谷子生产禁止使用农药：严禁使用剧毒、高毒、高残留或具有三致毒性（致癌、致畸、致突变）的农药（表7-5），严禁使用基因工程品种（产品）及制剂；每种有机合成农药在一种作物的生长期内只允许使用1次。

<2>绿色谷子生产常用农药：具体见表7-6、表7-7。

<3>病害化学防治：用种子重量的0.3％的25％瑞毒霉可湿性粉剂拌种，防治白发病；用种子重量的0.2％～0.3％的75％粉锈宁或50％多菌灵可湿性粉剂拌种，防治黑穗病。

<4>虫害化学防治：在粟灰螟幼虫3龄前（尚未钻蛀茎秆）用90％晶体敌百虫1 000～1 500倍液喷雾防治，兼治粟茎跳甲；黏虫幼虫2～3龄前，谷田每平方米有虫20～30头时，用Bt乳剂200倍液喷雾防治或每亩用2.5％敌杀死乳油15毫升喷雾防治。

表7-5　绿色谷子生产禁止使用的农药

种　类	农药品种	禁用原因
有机氯杀虫剂	滴滴涕、六六六、林丹、甲氧滴滴涕、硫丹	高残毒
有机磷杀虫剂	甲拌磷、乙拌磷、久效磷、对硫磷、甲基对硫磷、甲胺磷、甲基异柳磷、治螟磷、氧化乐果、磷胺、地虫硫磷、灭克磷（益收宝）、水胺硫磷、氯唑磷、硫线磷、杀扑磷、特丁硫磷、克线丹、苯线磷、甲基硫环磷	剧毒、高毒
氨基甲酸酯杀虫剂	涕灭威、克百威、灭多威、丁硫克百威、丙硫克百威	高毒、剧毒或代谢物高毒
二甲基甲脒类杀虫杀螨剂	杀虫脒	慢性毒性、致癌

（续）

种 类	农药品种	禁用原因
卤代烷类熏蒸杀虫剂	二溴乙烷、环氧乙烷、二溴氯丙烷、溴甲烷	致癌、致畸、高毒
有机砷杀菌剂	甲基胂酸锌（稻脚青）、甲基胂酸钙胂（稻宁）、甲基胂酸铁铵（田安）、福美甲胂、福美胂	高残毒
有机锡杀菌剂	三苯基醋酸锡（薯瘟锡）、三苯基氯化锡、三苯基氢氧化锡（毒菌锡）	高残留、慢性毒性
有机汞杀菌剂	氯化乙基汞（西力生）、醋酸苯汞（赛力散）	剧毒、高残毒
取代苯类杀菌剂	五氯硝基苯、稻瘟醇（五氯苯甲醇）	致癌、高残留
2，4-D类化合物	除草剂或植物生长调节剂	杂质致癌
二苯醚类除草剂	除草醚、草枯醚	慢性毒性
植物生长调节剂	有机合成的植物生长调节剂	

表7-6 农药合理使用准则（谷子常用部分）

杀虫剂

农药			主要防治对象	每亩每次制剂施用量或稀释倍数	施药方法	施药距收获的天数（安全间隔期）（天）	实施要点说明
通用名	商品名	剂型及含量					
杀螟丹	巴丹	50％可溶性粉剂	粟灰螟、粟茎跳甲	40～100克	喷雾	21	
喹硫磷	爱卡士	25％乳油	粟灰螟、粟茎跳甲	150～200毫升	喷雾	14	
敌百虫		90％	粟灰螟、粟茎跳甲、黏虫	1 000～1 500倍	喷雾	20	
灭幼脲	灭幼脲3号	25％悬浮剂	黏虫	40毫升	喷雾	15	
氯唑磷	米乐尔	3％	粟灰螟、粟茎跳甲	1 000克	撒施	28	拌毒土撒施
溴氰菊酯	敌杀死	2.5％乳油	黏虫、蚜虫	10～15毫升	喷雾	15	
氯氟氰菊酯	功夫	2.5％乳油	黏虫、蚜虫	10～20毫升	喷雾	15	

表7-7 杀菌剂

农药			主要防治对象	每亩每次制剂施用量或稀释倍数	施药方法	施药距收获的天数（安全间隔期）（天）	实施要点说明
通用名	商品名	剂型及含量					
三唑酮	粉锈宁	25％可湿性粉剂	白发病	28～33克	喷雾	20	
丙环唑	敌力脱	25％乳油	白发病	33.2毫升	喷雾	28	
甲基硫菌灵	甲基托布津	70％可湿性粉剂	红叶病、黑穗病	71～100克	喷雾	30	不得与铜制剂混用
萎锈灵	卫福	40％悬浮剂	黑穗病	2.8克/千克种子	拌种		
瑞毒霉		25％可湿性粉剂	白发病	3克/千克种子	拌种		
多菌灵		50％可湿性粉剂	黑穗病	3克/千克种子	拌种		

第十节 无公害普通白菜（大白菜）生产
操作规程与施肥方案

根据无公害食品普通白菜生产技术规程（NY 5213—2004）制定本生产操作规程，适用于大宁县无公害蔬菜生产基地内普通白菜的无公害生产。

1. 范围

本标准规定了普通白菜的产地环境要求和生产管理措施。

本标准适用于无公害普通白菜生产。

2. 标准的引用

GB 4285 农药安全使用标准

GB/T 8321（所以部分） 农药合理使用准则

NY 5010 无公害食品 蔬菜产地环境条件

3. 产地环境 应符合 NY 5010 规定，选择地势高燥，排灌方便，土层深厚、疏松、肥沃的地块。

4. 生产技术管理

（1）露地土壤肥力等级的划分：根据露地土壤中的有机质、全氮、碱解氮、有效磷、有效钾等含量高低而划分的土壤肥力等级。

（2）栽培季节与品种选择：

①栽培季节。普通白菜 4 月中旬至 5 月上旬播种，7 月中旬至 8 月中旬采收。

②品种选择。普通白菜选择冬性强，不易抽薹的品种，目前生产上常用的品种主要有夏王、春大王、春晓等。

（3）整地施基肥：禁止使用未经国家和省级农业部门的化学或生物肥料。禁止使用硝态氮肥。禁止使用城市垃圾、污泥、工业废渣。结合翻地，底施腐熟优质有机肥 5 000 千克，过磷酸钙 50 千克，尿素 20 千克或复合肥 25 千克，翻地后耙平。

（4）播种：

①播种期。在当地晚霜前 4～5 天播种，在大宁县一般为 4 月中旬至 5 月上旬播种为宜。

②播种密度。适度密植是保证普通白菜高产稳产的关键，亩留苗一般为 2 500 株左右，即行距 60 厘米，株距 40 厘米为宜。

③播种方法。普通白菜一般采用地膜覆盖直播的方法，按行距铺膜，按株距在膜上打穴，每幅膜上播 2 行，穴位互相错开，穴深 3～4 厘米，然后播种，每穴 2～3 粒种子，播种后点浇小水水渗后覆土，亩用种量 30～40 克。

（5）田间管理：

①查苗、补苗、间苗。在普通白菜出苗时及时查苗、补苗、保证苗全，当普通白菜幼苗长出 2 片真叶时及时间苗、定苗，保证苗壮。

②肥水管理。除施足底肥外，在普通白菜成长过程中要及时追施速效肥料，不可进行蹲苗，促使其快速形成莲座叶和叶球，一般在莲座叶前期和包心前期追施两次速效肥料，

每次追施尿素 10～15 千克，采收前 30 天停止使用化肥。

③中耕除草。在定苗后和封垄前进行两次中耕除草。

（6）病虫害防治：

①病虫害防治原则。按照"预防为主，综合防治"的植保方针，坚持"以农业防治、物理防治、生物防治为主，化学防治为辅"的无害化控制原则。

②农业防治。选用抗病品种；适期播种；合理轮作；加强管理；拔除并销毁病株。

③物理防治。覆盖银灰色地膜驱避蚜虫，利用振式杀虫灯、性诱剂诱杀成虫。

④生物防治。积极保护利用天敌，防治病虫害；采用生物药剂硫酸链霉素防治软腐病。

⑤主要病虫害药剂防治。以生物药剂为主，使用药剂防治时严格按照 GB 4285 农药安全使用标准、GB/T 8321（所有部分）农药合理使用准则规定执行。

<1>软腐病：发病初期用 72% 的农用链霉素可湿性粉剂 14 克/亩，于莲座中期和包心前期连喷 2 次，收获前 15 天停止用药。

<2>霜霉病：用 72% 杜邦克露 100 克/亩，7～10 天 1 次，连续用药 2 次，收获前 15 天停止用药。

<3>小菜蛾：7 月中旬用 10% 阿维苏可湿性粉剂 40 克/亩喷雾，只用 1 次，收获前 15 天停止用药。

（7）采收：普通白菜播种越早，抽薹可能性越大，故应及时早收，只要叶球紧包实，即可采收，及时上市，不可拖延。

（8）清洁田园：将根茬败叶和杂草地膜清理干净，集中进行无害化处理，保持田间清洁。

第十一节　无公害番茄生产操作规程与施肥方案

根据无公害食品番茄生产技术规程（NY 5005—2001）制定本生产操作规程，适用于大宁县无公害蔬菜基地内番茄的无公害生产。

1. 范围

本标准规定了番茄的产地环境要求和生产管理措施。

本标准适用于无公害番茄生产。

2. 标准的引用

GB 4285　农药安全使用标准

GB/T 8321（所有部分）　农药合理使用准则

NY 5010　无公害食品　蔬菜产地环境条件

3. 产地环境　应符合 NY 5010 的规定，选择地势高燥，排灌方便，土层深厚、疏松、肥沃的地块。

4. 生产技术管理

（1）露地土壤肥力等级的划分：根据露地土壤中的有机质、全氮、碱解氮、有效磷、有效钾等含量高低而划分的土壤肥力等级。

（2）栽培季节与品种选择：

①栽培季节。3月下旬至4月中旬，利用阳畦或大棚播种育苗；5月上、中旬晚霜过后铺地膜定植；7月上旬至9月下旬采收。

②品种选择。宜选择植株长势旺、抗病、抗旱、丰产的品种，当前有：毛粉802、毛红801、晋番茄1号、红抗218、美国大红、中杂4号、美国羞女（自封顶型）、中杂9号、合作908、赛丽斯等。

（3）育苗：

①育苗设施。大棚或阳光温室。

②播期。3月中下旬。

③种子处理。

<1>播种量：每亩需种子20～30克。

<2>温汤浸种：把种子放入55℃热水中，维持水温，均匀泡15分钟，时间到了以后，要把水温迅速将到30℃左右，开始转入泡6～8小时，主要防治叶霉病、早疫等。

<3>催种催芽：种子泡6～8小时后捞出洗净，置于25℃条件下保温保湿催芽。

<4>播种方法：选择无风晴天时播种，阳畦整平后浇透水，待水渗下后向面撒0.3～0.4厘米厚的细土即可播种，尽量使种子均匀，播量2～3克/平方米。

<5>苗期管理：播种后至出苗前一般不通风，白天保持温度25～30℃，夜间不低于15℃；当70%苗出土后开始通风降温，一般白天15～20℃，夜间6～10℃；当第一片真叶露尖时要控温，白天15～25℃，夜间10～15℃，间苗以间开不使苗拥挤为准。待定植前7～10天进行低温练苗，使白天温度保持18～20℃，夜间10～13℃，当幼苗叶色较深，新苗根长到土表时即可定植。

<6>适龄壮苗标准：番茄标准苗龄60天左右，茎秆粗壮，直立挺拔，高度20厘米左右，第一花序现蕾，叶色深绿，茎叶上茸毛较多，秧苗顶部稍平展不突出，根系发达，无病虫害。

（4）定植：

①整地施肥。禁止使用未经国家和省级农业部门登记的化学或生物肥料，禁止使用硝态氮肥。禁止使用城市垃圾、污泥、工业废渣。结合翻地，每亩施入优质腐熟有机肥5 000千克，碳酸氢铵50千克，过磷酸钙50千克，硫酸钾15千克。

②铺地膜。播种前7天左右，将土地耙平，然后平地铺膜，膜距60厘米。

③定植期。定植期在晚霜过后，10厘米地温稳定在8℃以上，一般在5月上、中旬进行。

（5）田间管理：

①中耕除草定植后5～7天，应开始中耕，蹲苗，在第一果坐住之前，一般中耕2～3次，第一次要浅，第二次要深，可达10厘米左右，第三次又浅，有条件的这时可浇1次崔果水，保持土壤见干见湿状态。

②追肥。每采收1次追肥1次，每次追施硫酸钾复合肥15千克。

③植株调整。

<1>支架子一般在蹲苗结束前后搭架，采用人字形或花架形架，架高1.5米左右，

＜2＞整枝番茄整枝方式依栽培方式、品种和栽植密度而异,具体有以下几种方式。

早熟自封顶品种。自封顶品种2～3蕾果封顶,多采用单干整枝、双干整枝和一干半整枝法。

中晚熟不封顶品种,也有单干、一干半和双干整枝法,但为提高前期产量和总产量,多采用单干整枝法和换头整枝。

＜3＞保果和疏花根据地力和植株长势,每留健壮果3～4个。

（6）病虫害防治:

①病虫害防治原则。按照"预防为主,综合防治"的植保方针,坚持"以农业防治、物理防治、生物防治为主,化学防治为辅"的无害化控制原则。

②农业防治。选用抗病品种;适期播种;合理轮作;加强管理;拔除病销毁病株。

③物理防治。覆盖银灰色地膜驱避蚜虫,利用高压灯、黑光灯、性诱剂诱杀虫。

④生物防治。积极保护利用天敌,防治病虫害。

⑤主要病虫害药剂防治以生物药剂为主。使用药剂防治时严格按照 GB 4285 农药安全使用标准、GB/T 8321(所有部分)农药合理使用准则规定执行。

＜1＞早疫病:用75％达科宁或70％代森锰锌可湿性粉剂,亩用量140克,视病情隔7～10天喷1次,交替使用2次,效果较好。

＜2＞根腐疫病:用80％乙磷铝200克/亩灌根,喷淋全株,然后培土,促发不定根。

＜3＞棉铃虫:用苏维士可湿性粉剂,亩用量40克,视虫情隔7～10天喷施1次,连喷2次,在虫蛀果前全部消灭。

（7）采收:及时分批采收,减轻植株负担,以确保高位果断品质,促进后期果实膨大。

（8）清洁田园:将根茬败叶和杂草地膜清理干净,集中进行无害化处理,保持田间清洁。

图书在版编目（CIP）数据

大宁县耕地地力评价与利用 / 杨宁龙，李立新主编
. —北京：中国农业出版社，2015.12
ISBN 978-7-109-21197-1

Ⅰ.①大… Ⅱ.①杨…②李… Ⅲ.①耕作土壤—土
壤肥力—土壤调查—大宁县②耕作土壤—土壤评价—大宁
县 Ⅳ.①S159.225.4②S158

中国版本图书馆 CIP 数据核字（2016）第 022116 号

中国农业出版社出版
（北京市朝阳区麦子店街 18 号楼）
（邮政编码 100125）
责任编辑 杨桂华

中国农业出版社印刷厂印刷 新华书店北京发行所发行
2016 年 3 月第 1 版 2016 年 3 月北京第 1 次印刷

开本：787mm×1092mm 1/16 印张：8 插页：1
字数：200 千字
定价：80.00 元
（凡本版图书出现印刷、装订错误，请向出版社发行部调换）

大宁县中低产田分布图

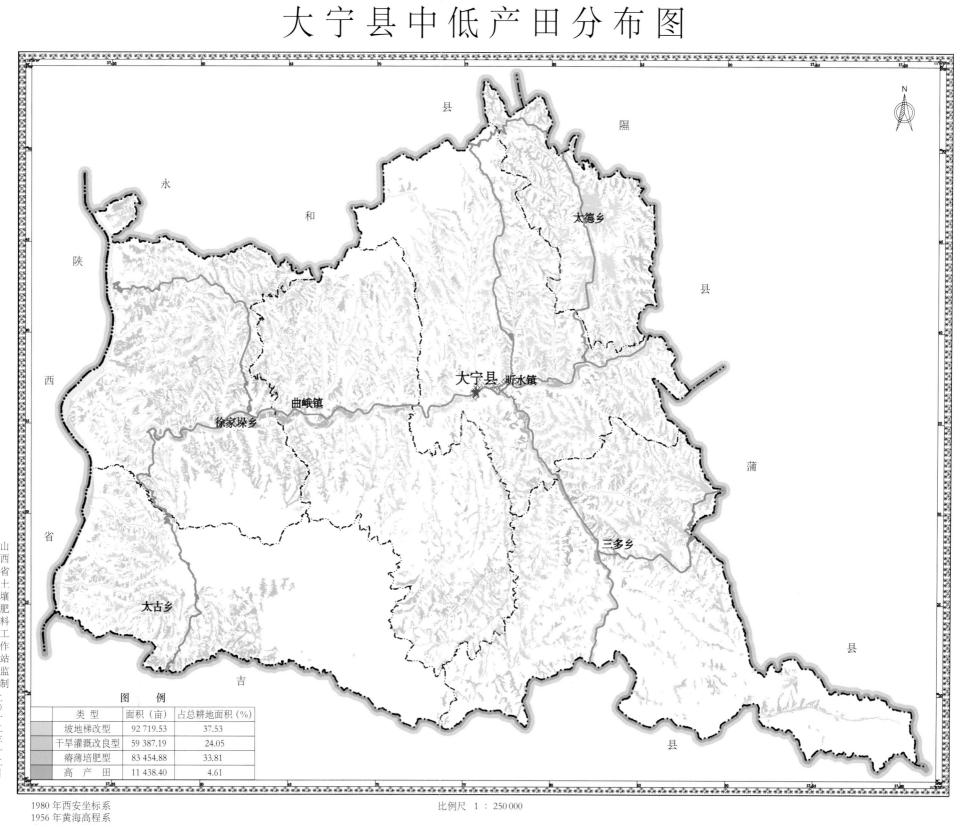

图 例		
类 型	面积（亩）	占总耕地面积（%）
坡地梯改型	92 719.53	37.53
干旱灌溉改良型	59 387.19	24.05
瘠薄培肥型	83 454.88	33.81
高 产 田	11 438.40	4.61

1980 年西安坐标系
1956 年黄海高程系
高斯—克吕格投影

比例尺 1：250 000

山西省土壤肥料工作站监制
山西农业大学资源环境学院承制 二〇一二年十二月

大宁县耕地地力等级图

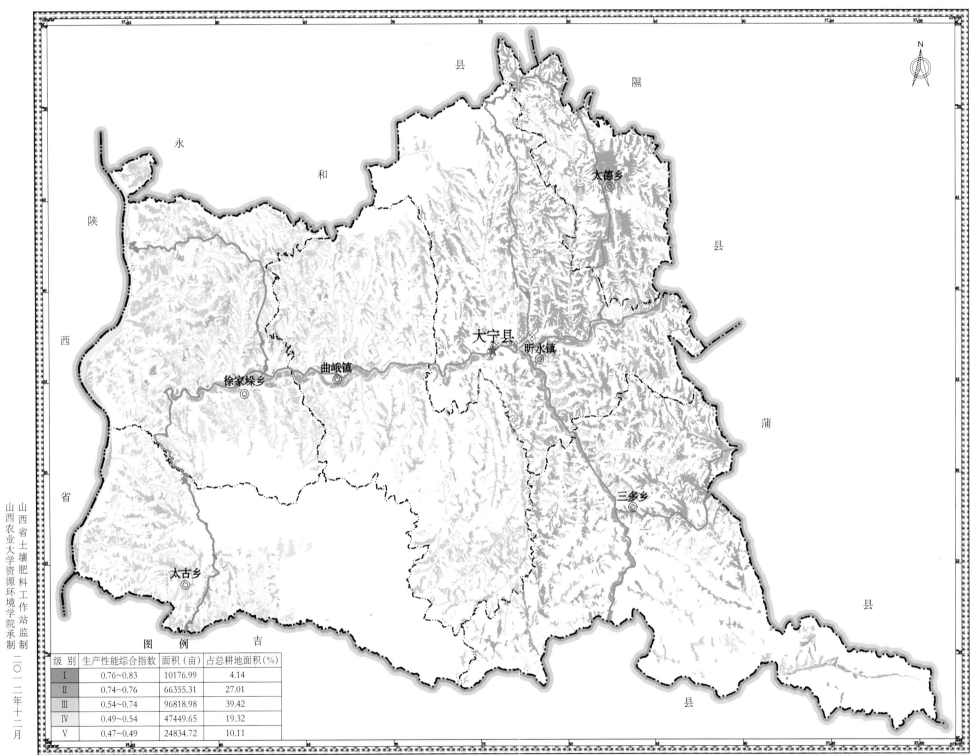

级 别	生产性能综合指数	面积(亩)	占总耕地面积(%)
I	0.76~0.83	10176.99	4.14
II	0.74~0.76	66355.31	27.01
III	0.54~0.74	96818.98	39.42
IV	0.49~0.54	47449.65	19.32
V	0.47~0.49	24834.72	10.11

图 例

山西省土壤肥料工作站监制
山西农业大学资源环境学院承制
二〇一二年十二月

1980 年西安坐标系
1956 年黄海高程系
高斯—克吕格投影

比例尺 1：250 000